現実化する宇宙戦

「宇宙小国」日本はどうする!?

国書刊行会

現実化する宇宙戦

――「宇宙小国」日本はどうする?!

はじめに

近年、民間人の宇宙旅行が次々と実現し、人類にとって宇宙がより身近に感じられるようになってきた。また、経済社会活動に無くてはならない情報通信や測位（GPS）、気象・地球（地域）観測などが宇宙システムに大きく依存しており、宇宙は現代社会における密接不可分の重要な共有基盤（インフラストラクチャー）の一つとなっている。

その反面、宇宙の戦場化、すなわち宇宙の作戦・戦闘領域化のリスクが急速に進み、安全保障・防衛の分野における喫緊の課題となっている。万一、宇宙空間での戦い、すなわち宇宙戦（Space Warfare）が現実のものとなれば、国家の安全保障・防衛は勿論のこと、経済社会活動や個人の日常生活に至るまで、甚大な影響を及ぼさずには措かないであろう。

現代戦は、マルチドメイン作戦（MDO）といわれる新たな軍事理論を登場させ、今後の作戦戦略上に劇的な変化をもたらし、軍事史における一大「変革の時代」を画する動きに象徴される。その大きな要因の一つが宇宙戦である。

従来の軍事力の活動領域は、主として陸上、海上、航空であった。しかし、現代の戦いにおいては、航空から宇宙空間へと活動領域が天文学的に拡大し、さらにサイバー空間や電磁波空間といった新たな活動領域が加わった。このように、軍事活動の領域・空間が三つから六つへと一挙に倍増し、多領域・多空間における能力を有機的に結合し、その相乗効果によって全体の能力を強化・増幅させることを目指しているのが今日的特徴であり、それが、世界の軍事フィールドに歴史的変化が起きていると称される所以である。そして、今後の戦いで遭遇すると見られる、宇宙空間をはじめとする多領域・多空間から構成される戦場において、いかに戦い、いかに勝利するかが国家安全保障・防衛に課せられた重大な使命となっているのである。

宇宙空間が軍事的に利用されたのは、第2次世界大戦（ＷＷⅡ）末期、ナチス・ドイツが同空間を経由してイギリスなどを攻撃したＶ２ロケット（ミサイル）にまで遡る。そして、このミサイル技術が、弾道ミサイルや人工衛星の打ち上げを後押しし新たな宇宙利用の道を拓いた。

他方、ＷＷⅡ終戦直前の１９４５年7月、核爆発実験を初めて成功させた米国は、同年8月に人類初の原子爆弾を広島、次いで長崎の街に投下し、これが、核時代の幕開けとなった。

ソ連は、１９４９年8月に原子爆弾の核爆発実験を成功させ、１９５７年にはＲ－７ロケットを使って世界初の人工衛星スプートニク1号を打ち上げた。

その後、ミサイル技術が発達し、最終的には大陸間弾道ミサイル（ＩＣＢＭ）という宇宙空間を経由する運搬手段と一体となった核兵器システムが開発され、それらの技術的優位性をめぐる競争が米ソを中心に繰り広げられ、冷戦間の宇宙における軍備拡張を促した。

このような新たな宇宙利用の拡大を契機に、宇宙空間は戦いが行われる可能性を持つ、従来の陸・海・空の空間（ドメイン）に次ぐ「第４の空間」として強く意識されるようになった。

さらに、宇宙空間は、全地球を見渡せる「究極の高地」からの広大な視界に加え、同空間が全人類に属するもので国境の概念がなく、すべての国が自由に探査・利用することができることに伴う「グローバルなプレゼンスとアクセス」を持つという特徴がある。そのことによって、弾道ミサイル発射を早期に探知して警報を発する早期警戒衛星やＣ４ＩＳＲ機能の強化などを目的とした通信衛星、情報・偵察衛星、測位衛星、そして気象衛星などが宇宙空間に展開され、現代の軍事活動において不可欠なものとなっている。

一方、このような宇宙アセットに対し脅威を及ぼす動きが表面化・現実化している。

ロシアや中国は、ミサイル等による衛星破壊実験を行うとともに、レーザーなどの指向性エネルギーにより攻撃する対衛星兵器（ＡＳＡＴ、キラー衛星）や攻撃対象となる衛星と地上局との間の通信などを妨害する電波妨害装置（ジャマー）など多種多様な妨害手段の開発に注力し、宇宙空間における脅威を増大させる動きを強めている。このため、日米欧などでは、宇宙が「作戦領域」あるいは「戦闘領域」となることへの現実的な懸念が強まっている。

そしてついに、この懸念が現実化したのが２０２３年10月７日（現地時間）に始まった「ハマス・イスラエル戦争」である。10月31日、イエメンの親イラン武装組織フーシ派がイスラエル南部の港湾都市エイラトに向け弾道ミサイル発射したが、これをイスラエル国防軍のミサイル迎撃システム「アロー」が地球の大気圏外で撃墜したという。このことは、実戦において「宇宙で初めて戦闘が行われた」ことを意味し、宇宙の作戦・戦闘領域化を実証する軍事史における重大な分岐点として新時代を画することになろう。

また、前述の通り、中国は２００７年１月、何の事前通告もなしに自国の気象衛星「風雲１号Ｃ」を標的に中距離弾道ミサイルで破壊する実験を行い、宇宙条約第９条「有害な汚染、干渉の防止」に違反する重大事案を引き起こした。この衛星破壊実験によって、風雲１号Ｃは、確認されただけで６００個以上の破片、いわゆるスペースデブリ（ＳＤ）に分裂し、地上からのレーダー観測では確認不可能な、差し渡し10㎝以下のＳＤが数万個以上発生したと推測されている。この結果、宇宙空間は汚染され、宇宙機や遊泳中の宇宙飛行士に衝突すれば大きな被害をもたらす恐れがあることから、ＳＤは人類の宇宙活動にとって深刻な脅威となるなど、国家及び国際社会にとって宇宙安全保障は待ったなしの重要な課題となっている。

そこで本書は、まず第１章「現実化する宇宙戦（Space Warfare）――宇宙を制する者はすべてを制する」において、民間宇宙旅行などに代表される宇宙新時代の幕開け、宇宙戦が現実化している実態、そして宇宙戦の概念などの本論考の背景となる要因について概説し、現代戦に占める宇宙戦の重要性を指摘した。第2章では、第1章のような動きに至った、WWⅡ前後から軍事によってリードされてきた宇宙開発の歴史と最近の動きについて解説した。

そして、第3章では、世界における宇宙戦の中心的プレーヤーである主要国、中でも宇宙先進国の米国とロシアの両大国、及び米国を睨み「世界一流の軍隊」建設・「強軍思想」に基づき「宇宙強国」に勇往邁進する中国の宇宙戦への取組みについて述べ、その後、第4章では宇宙後発国・宇宙小国の日本の宇宙戦への取組みについて、これまでの経緯を振り返りつつ詳述している。

こうした中、中国は、台湾独立を断固阻止し、武力行使も辞さない考えを繰り返し宣明している。この際、中国の台湾侵攻は、宇宙空間か、サイバー空間で始まるとの見方が有力である。そのため、第5章では、「宇宙戦から始まる中国の台湾侵攻」のタイトルで、「台湾有事は日本有事」を念頭に、万一、中国による台湾侵攻が勃発した場合、他の軍事作戦に先んじて宇宙戦がどのように展開されるのかについて簡単な分析を行い、読者の宇宙戦についてのイメージアップを図りつつ関心に応える試みを行った。

最後に、宇宙戦に係わる国際的課題と、それを踏まえた「宇宙小国」日本の今後の宇宙戦のあり方、特に抜本的強化の方向についての提言をまとめた。

２０２２年12月末に国家安全保障会議及び閣議において決定された「国家安全保障戦略」及び

「国家防衛戦略」は、「サイバー空間、海洋、宇宙空間、電磁波領域等において、自由なアクセスやその活用を妨げるリスクが深刻化している」と指摘し、「宇宙・サイバー・電磁波の領域及び陸・海・空の領域における能力を有機的に融合し、その相乗効果により自衛隊の全体の能力を増幅させる領域横断作戦（CDO）能力…等により、重層的に対処する」（括弧は筆者）としている。

このように、今や、宇宙空間への自由なアクセスとその安定的活用は、「我が国の主権と独立を維持し、領域を保全し、国民の生命・身体・財産の安全を確保する」という安全保障・防衛の目的を達成する上で、不可避かつ死活的な課題となっている。

そのような見地から、本書は、安全保障・防衛に関心のある一般読者を対象とした宇宙戦に関する入門書としてまとめたものである。

筆者は、長い間、陸上自衛隊の高射特科（防空）部隊で勤務し、地対空ミサイル「ホーク（HAWK）」の運用や教育訓練などに従事した。また、陸上自衛隊ホーク部隊からの連絡幹部（LO）として、航空自衛隊の警戒管制組織での勤務経験もある。陸上自衛隊の中にあっては、比較的航空・宇宙に近い仕事をした関係で、まんざら宇宙との係わりや関心がない訳でもないことから、今般の執筆に至った次第である。

願わくは、本書によって、宇宙戦の概要や列国の取組み、そして我が国の実情や今後の課題などに関する読者の理解が深まり、それを通じて、国家防衛戦略等が掲げる領域横断作戦における宇宙戦能力が向上し、その結果、我が国の安全保障・防衛体制が強化され、平和と安全の維持に資するとすれば、筆者として、この上ない喜びである。

末尾になるが、本書の上梓に当たり、日本安全保障戦略研究所（ＳＳＲＩ）の富田稔上席研究員には大変貴重なご助言を頂いた。改めて心よりの謝意を表する次第である。

ロシアによるウクライナ侵略の早期終結を切に祈りつつ。

樋口譲次

〈注〉本書は、宇宙というテーマの特性上、本文中に多くの英語表記の略語を用いている。その説明を巻末の「略語（Abbreviation）解説」にアルファベット順に掲載しているので、随時参照されたい。

目次

第1章
現実化する宇宙戦（Space Warfare）
——宇宙を制する者はすべてを制する

1　宇宙新時代の幕開け

（1）2021年は「宇宙旅行元年」——民間人が宇宙旅行に行ける時代へ

かつて、宇宙の探査・開発は、科学者や軍人、職業宇宙飛行士などごく一部のスペシャリストに限られていた。しかし今日、民間人の宇宙旅行が次々と実現するようになり、人類にとって宇宙がより身近に感じられるようになってきた。

当初、宇宙旅行も、世界経済を牽引するビリオネア（大富豪）など特別な人だけに与えられる希少な機会と思われていたが、2021年は、宇宙に到達した民間人の数（29人）が国の職業宇宙飛行士の数（19人）を上回り、「宇宙旅行元年」と言われる時代を向かえている。

また、常識にとらわれない民間のスタートアップ企業の力によって、ロケットや月面探査車の開発など世界的に注目される成果も現れている。

なかでも注目されるのは、米国のイーロン・マスク氏が率いる宇宙企業スペースX社である。同社は、豊富な資金力と革新的なアイデアでロケットの再利用、すなわち打ち上げた後に再び着陸させて又利用するという前代未聞の実験に挑戦し、幾度となく失敗を重ねた末にそれを成功に導いた。さらに、宇宙船クルードラゴンを国際宇宙ステーションよりも高い軌道に送り届け、4人の民間人だけで3日間にわたり地球を40回以上周回した、世界初となる民間有人宇宙飛行の偉業を成し遂げた。

また、ウクライナ戦争では、ロシア軍がウクライナ軍の通信や民間のインターネットに火力攻撃やサイバー攻撃を加えて無力化を図る中、ウクライナのフョードロフ副首相兼デジタル転換相の要請を受け、マスク氏はその10時間後に高速通信衛星サービス「スターリンク（Ｓｔａｒｌｉｎｋ）」を提供したことを明らかにした。

スターリンクは、地球の高軌道に一つの静止衛星を置いて通信を提供する従来の衛星通信サービスとは異なり、低軌道に小型通信衛星を多数機打ち上げて人工衛星のコンステレーション（星座）を構築し、より遅延の少ない通信を提供する「衛星コンステレーション」と呼ばれるサービスである。それによって、住民が正しい情報にアクセスできる通信機能を維持することでロシアのプロパガンダへの対抗手段となるだけでなく、スターリンク経由で目標情報の共有を受けたドローンによる攻撃など軍事的にも応用され、米国の一民間企業の商用衛星が戦時ウクライナの防衛情報通信網をバックアップした、その有用性は世界を驚かせた。

ウクライナの通信インフラが損傷した状態でもスターリンクが高速インターネット接続を維持できたことは、地球の近くを周回する「衛星コンステレーション」による「衛星ブロードバンド網」構築の重要性をクローズアップするものだ。同時に、従来の陸・海・空の領域に加え、新たな宇宙・サイバー・電子戦領域を有機的に結合し、その相乗効果によって全体の能力を増幅させるマルチドメイン作戦（ＭＤＯ）に及ぼす影響についても大きな関心を集め、一躍脚光を浴びた。

このほか、イギリス人実業家のリチャード・ブランソン氏が創設したヴァージン・ギャラクティック社や米国のアマゾン創設者ジェフ・ベゾス氏のブルーオリジン社などが商用の宇宙旅行に参入しているほか、日本では民間企業による世界初の月面着陸に挑戦するベンチャー企業「ispace（アイ・スペース）」などが注目されている。

宇宙開発市場はすでに40兆円、20年後には１００兆円になると試算されており、民間力によるロケットや月面探査車の開発、人工衛星の打ち上げ、民間人の宇宙旅行など「宇宙新時代の幕開け」が告げられており、宇宙ビジネスの可能性は、今後飛躍的に高まるものと期待されている。

（2）宇宙システムに大きく依存する現代社会――更なる拡大・挑戦の時代へ

宇宙は、現代社会における経済社会活動に密接不可分の領域となっており、宇宙システムは社会を支える重要インフラの一つとして無くてはならない重要な役割を担っている。特に、多くの社会システムが全地球測位システム（ＧＰＳ）に依存するようになっており、このような傾向は、今後ますます強まるものと見込まれる。

宇宙探査の進展により、人類の活動領域は地球軌道を越えて、月面、さらに深宇宙へと拡大しつつあり、宇宙は学術研究・科学技術のフロンティアとして、また、日常生活の利便性の向上として、さらには経済成長の推進力として、ますますその重要性を増している。

宇宙システムの適用範囲は、例えば、気象観測のための気象衛星や陸・海を宇宙から観測し災害対策や温暖化、農業・漁業などにおける課題解決に貢献する地球（地域）観測衛星、インターネットや放送に通信・放送衛星、また、航空機や船舶の航法利用に測位衛星など多くの分野に広がり、既に日常生活に深く浸透・定着して、科学技術や社会経済活動など官民双方の重要な基盤の一つとなっている。

また、災害時においては、被災状況の把握や緊急時の連絡手段として大きな役割を果たしている。さらに、エネルギー、気候変動、環境、食糧、公衆衛生、大規模自然災害等の地球規模の課題解決や国連の持続可能な開発目標（ＳＤＧｓ）の達成にも大きく寄与することが期待されている。

日本においては、これまでの情報社会「Society4.0」から、サイバー空間とフィジカル空間の高

〈出典〉METI Journal「統計は語る」（2022. 08. 19）

度な融合の実現を目指す超スマート社会「Society5.0」や、地上の無線通信では5Gが実用化し、更にその先の「Beyond 5G（B5G）」に向けた取組みが開始されている。そのような中にあって、地上、海洋、航空、宇宙をシームレスにつなぐ先進的で安全確実な情報通信ネットワークを実現させるために、通信衛星を始めとする宇宙システムの重要性がますます高まるのは時代の要請による基本的趨勢である。

また、近年、地震や台風などの災害が頻発化、激甚化しており、多くの人命が失われ、重要インフラの機能に支障が生ずるなど、我が国の経済社会活動に多大な影響を及ぼしている。そのような中、地上の状況に左右されずに機能が継続し、広域な観測や通信が可能な宇宙システムのポテンシャルは大きい。今後の防災・減災、国土強靱化における宇宙利用の一層の拡大が期待されるところである。

さらに、日本の温室効果ガス観測技術衛星（ＧＯＳＡＴ）が取得した温室効果ガス発生量のデータが気候変動問題への対策に活用されているように、前述の地球規模課題の解決や国連のＳＤＧｓの達成に日本が貢献し、外交力の強化にもつなげていく手段として、我が国の優れた宇宙システムを積極的に活用していくことも重要となる。

このように、宇宙システムは、日本のみならず、国際社会の経済社会活動に果たす役割が極めて重かつ大となっており、人々に夢と希望を与える長期的視点に立ち、同システムの持続的な成長・発展に向けた、「更なる拡大・挑戦の時代」を迎えている。日本には、この時代を積極的にリードすることによって経済大国、技術立国の名声を取り返すことが期待される。

２　宇宙戦が現実化する時代へ――宇宙空間の作戦・戦闘領域化

翻って、人類の永年の夢であった宇宙旅行が身近になり、現代社会が宇宙システムに大きく依存する一方、宇宙では安全保障・軍事を巡る熾烈な競争・戦いが繰り広げられている。

歴史的に見れば、宇宙旅行などの「商用」や情報・通信衛星、国際宇宙ステーションなどの「民生」より先に宇宙開発を始め、それをリードしてきたのは「軍事」の分野である。そして、かつては空想科学小説（ＳＦ）やスター・ウォーズ（ＳＴＡＲ　ＷＡＲＳ）の世界であった宇宙戦は、今や実際に起こり得るものとして想定されるようになってきた。宇宙戦が現実化する時代へ入ったのである。

軍事分野の宇宙開発は、核兵器システムの開発と軌を一にして推進されてきた。

ナチス・ドイツによって開発されたＶ2ロケット（ミサイル）が示すように、宇宙空間の重要性はミサイルの飛行経路として第2次世界大戦（ＷＷⅡ）時から認識されていた。そして、原子爆弾が開発され、本来、核弾頭を運搬する手段としてのミサイルが、宇宙空間に人工衛星を投入する手段としても使われたことによって、その後の宇宙空間の軍事利用に新たな地平を開くこととなった。

米国は、ＷＷⅡにおけるドイツの降伏後も、巨大な経済力、技術力を背景に、ナチスのユダヤ人迫害の手を逃れて米国に渡った多くの高名な物理学者などを中心として原爆開発のプロジェクトである「マンハッタン計画」を継続した。その結果、１９４５年7月16日に、ニューメキシコ州アラモゴードの砂漠で核爆発実験を初めて成功させた。そして、人類初の原子爆弾を、本土決戦を覚悟して最後まで戦い続けていた日本に対して使用し、広島、次いで長崎の街に投下した。これが、核時代の幕開けとなった。

米国に遅れをとったソ連は、１９４９年8月に原子爆弾の核爆発実験を成功させ、9月に公表して米ソの核兵器開発競争が激化した。

ＷＷⅡ終了から10年余り経った１９５７年、ソ連がＲ－７ロケットを使って世界初の人工衛星スプートニク1号を打ち上げた。

この新たな宇宙利用の拡大を契機に、宇宙空間は戦いが行われる可能性を持つ、従来の陸・海・

空の空間（ドメイン）に次ぐ「第4の空間」として強く意識されるようになった。
その後、ロケット技術が発達し、最終的には大陸間弾道ミサイル（ICBM）という宇宙空間を経由する運搬手段と一体となった核兵器システムが開発された。これらの技術的・戦略的優位性をめぐる競争が米ソを中心に繰り広げられ、冷戦間の宇宙における軍備拡張を促すようになって行ったのは、「はじめに」で述べた通りである。

column

ソ連の人工衛星スプートニク1号

ソ連は、1957年10月4日（日本時間10月5日）に世界初の人工衛星「スプートニク1号」（左記写真）を打ち上げた。

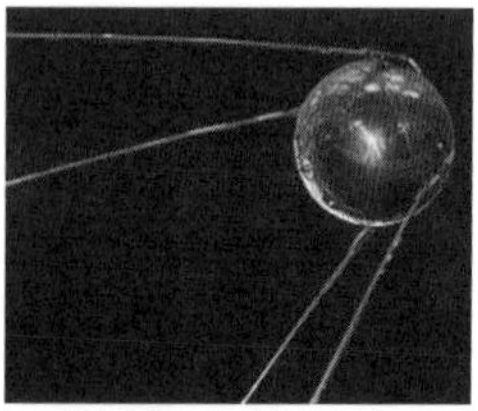

同衛星は今から66年前、ソ連邦のカザフスタンにあるバイコヌール基地からR－7ロケットによって打ち上げられ、約5分後にロケットの最終段が燃焼終了。直径58センチメートルで重量83・6キログラムのアルミ製球体が宇宙空間に放出され、世界初の人工衛星が軌道に投入された。
球体には4本のアンテナが備わっていて、周波数20メガヘルツお

よび40メガヘルツの電波で０・３秒ごとに信号を送信した。信号は世界中で観測され、「スプートニク・ショック」が駆けめぐった。科学技術でソ連を上回っているとされていた米国は面目を失い、宇宙開発に本腰を入れることとなった。

スプートニク１号から始まった米ソ宇宙開発競争は、１９６１年のソ連のガガーリンを乗せた「ボストーク１号」による世界初の有人宇宙飛行や、１９６９年には米国の「アポロ11号」による世界初の有人月面着陸などへと拡大して行った。

〈出典〉各種資料を基に筆者作成

この後詳しく述べるが、宇宙空間は、「宇宙条約」（正式には「月その他の天体を含む宇宙空間の探査及び利用における国家活動を律する原則に関する条約」）によって国家による領有が禁止され、全ての国が自由に利用できることから、今日、主要国は競って宇宙利用を積極的に進めている。

人工衛星の打ち上げ・利用は、年々世界的に拡大しており、日本もその趨勢を辿っている。次頁の国連の公表資料によると、２０２１年に世界で打ち上げられた人工衛星の数は１８０９機であるが、この数は、10年前の２０１１年に打ち上げられた数（１２９機）と比較すると約14倍になる。

世界では、２０２１年までに約１・３万機の人工衛星が打ち上げられているが、国別に見ると、アメリカが６１９８機と全体の半数を、次いでロシアが３６２０機と約３割を、それぞれ占めてい

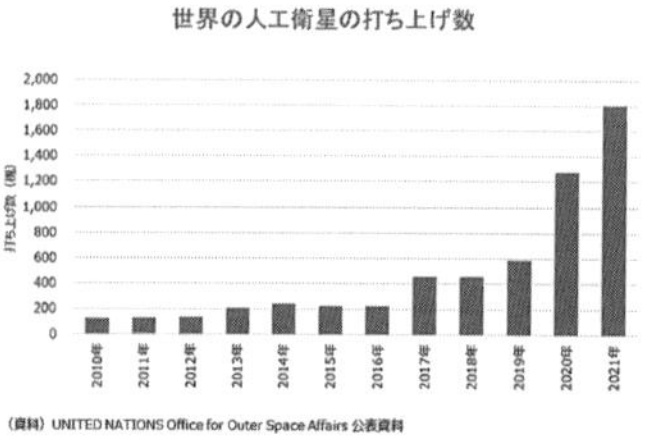

〈出典〉経済産業省「宇宙開発を巡る産業の動向について」（2022年７月22日）
https://www.meti.go.jp/statistics/toppage/report/minikaisetsu/hitokoto_kako/20220722hitokoto.html（as of February 18, 2023）

る。第3位は中国（７８１機、６・１％）、第4位はイギリス（５３３機、４・１％）の順である。

日本はこれまで３０１機を打ち上げ、世界では5番目に位置しているが、打ち上げ比率は世界全体の２・３％と小さく、さらに拡大の可能性を窺がわせている。

また、宇宙空間は、国境の概念がないことから、人工衛星を活用すれば、地球上のあらゆる地域の観測や通信、測位などが可能となる。そのため、主要国では、軍が宇宙開発に積極的に関与し、左記のように多種多様な人工衛星を打ち上げ、その機能強化を図りつつ宇宙空間を最大限に利用しており、宇宙システムは軍事活動において不可欠なものとなっている。

・弾道ミサイル発射を早期に探知して警報を発する早期警戒衛星
・Ｃ４ＩＳＲ機能の強化などを目的とした
　—軍事施設・目標偵察用の画像偵察衛星

国別　人工衛星打ち上げ数（上位10国）

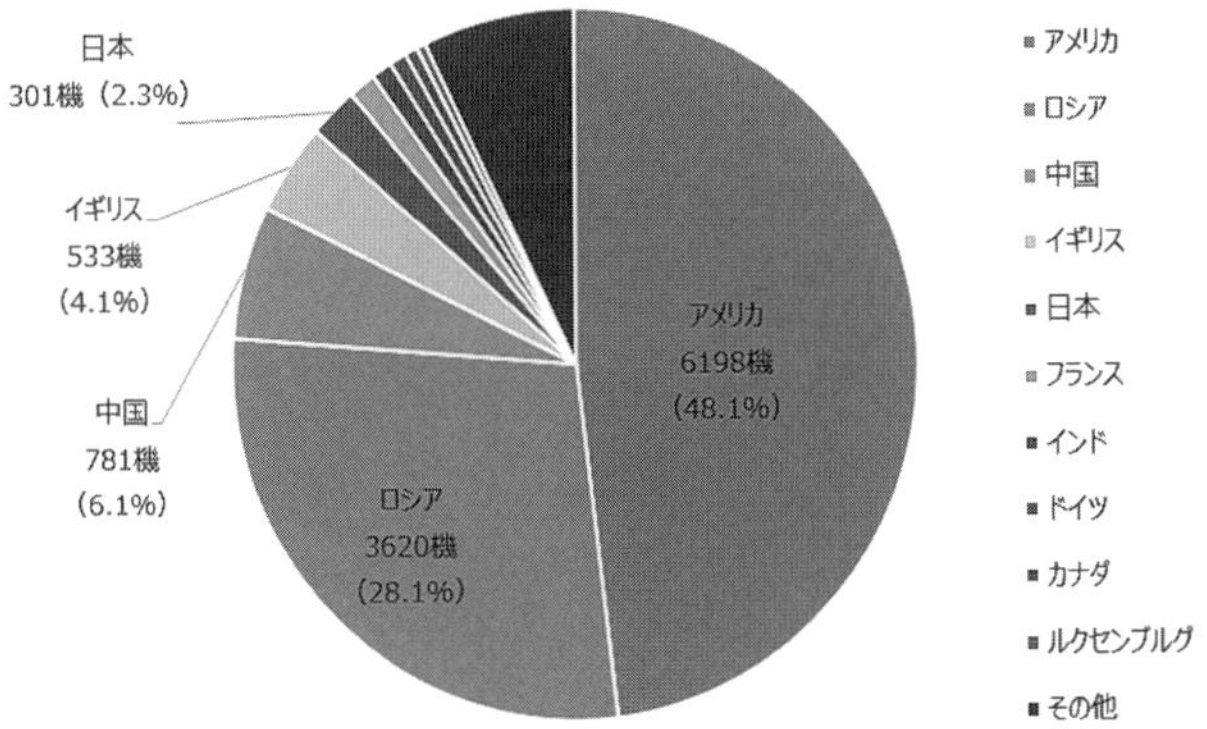

（資料）UNITED NATIONS Office for Outer Space Affairs 公表資料

〈出典〉経済産業省「宇宙開発を巡る産業の動向について」（2022年７月22日）
https://www.meti.go.jp/statistics/toppage/report/minikaisetsu/hitokoto_kako/20220722hitokoto.html（as of February 18, 2023）

—軍事通信・電波収集用の電波情報収集衛星
—軍事通信用の通信衛星
- 艦艇・航空機の航法や武器システムの精度向上などに利用する測位衛星（PNT）
- 気象衛星
- その他

さらに近年、従来議論されてきたロシアや中国のミサイル等による衛星破壊（対衛星攻撃ミサイル）実験に留まらず、光学衛星等へのレーザー照射やキラー衛星（衛星攻撃衛星）による攻撃、攻撃対象となる衛星と地上局との間の通信などに対する電波妨害（ジャミング）、地上管制施設へのサイバー攻撃など、次図の「衛星

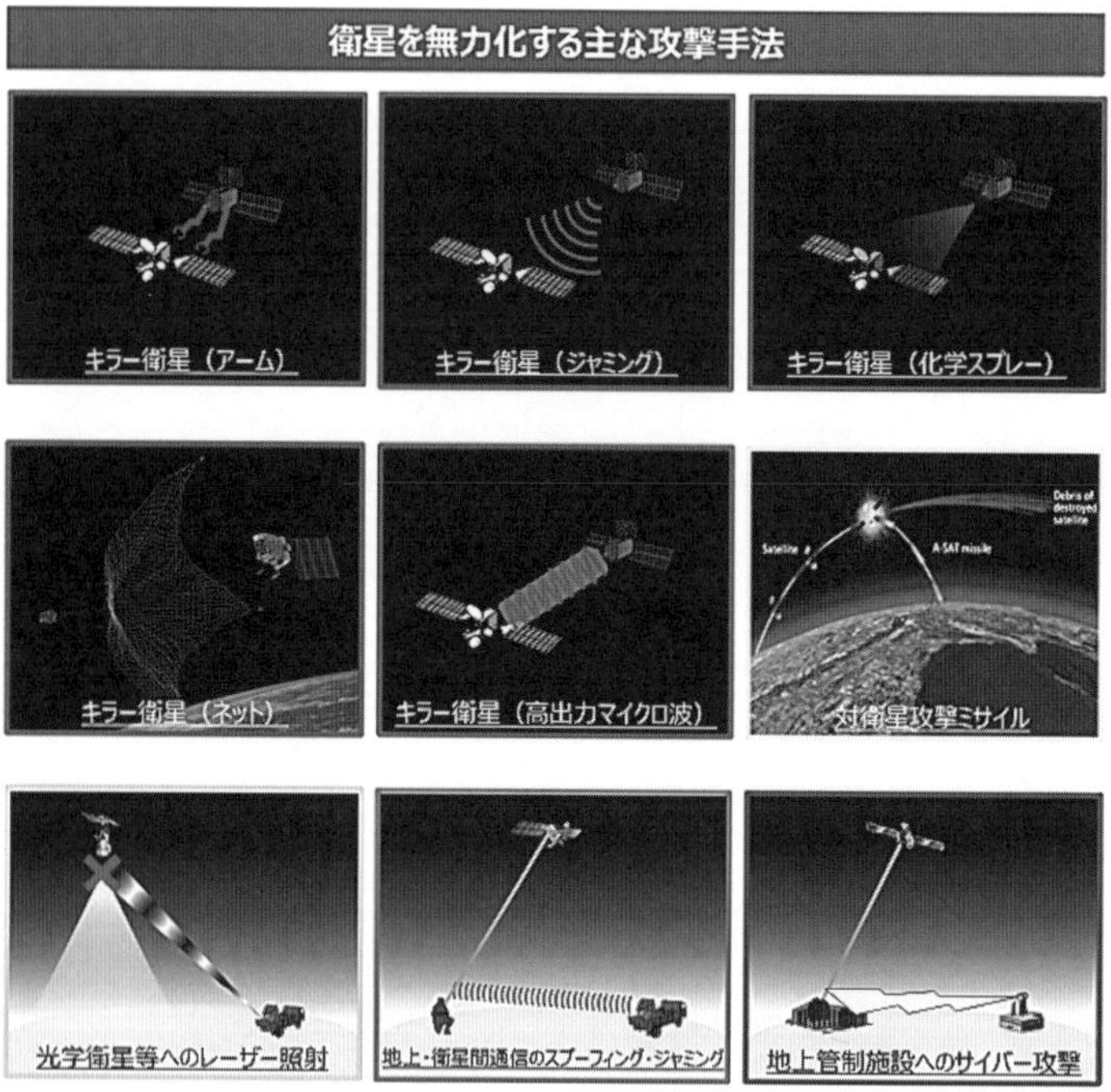

〈出典〉防衛省「防衛省の宇宙分野における取組み」（令和２年12月）

宇宙空間において急速に拡大する多種多様な脅威

ASAT ミサイル	• 2007年 中国：ASAT ミサイル実験（約2800個のデブリを放出） • 2013年 中国：新型 ASAT「DN-2」の試験に成功 • 2014年 中国：破壊を伴わない ASAT ミサイル実験 • 2018年 中国：新型衛星攻撃用ミサイル「DN-3」の試験 • 2018年 ロシア：新型衛星攻撃ミサイル「PL19ヌードル」の試験 • 2019年 インド：ASAT ミサイルで人工衛星破壊実験 • 2021年 ロシア：自国の衛星を標的とした衛星破壊実験
キラー衛星	• 2013年 中国：試験 SY-7など 3 機が衛星捕獲実験か？ • 2013年 ロシア：キラー衛星 Kosmos-2491,2499を打ち上げ • 2017年 ロシア：衛星 Kosmos-2519が2521,2523を放出（衛星から他の衛星を放出する実験） • 2018年 ロシア：2014年に打ち上げた衛星「Luch-Olymp」が仏軍事衛星などに異常接近…通信の傍受か？ • 2020年 中国・ロシア：両国のキラー衛星が日米の衛星に接近 • 2021年 ロシア：ロシア国際宇宙展覧会2021で電磁パルス攻撃などが可能とされる原子力電気推進宇宙船「ゼウス」の模型展示
電波妨害	• 2017・2018・2019年 ロシア（推定）：ノルウェー北部で GPS 妨害 • 2018年 中国：ミスチーフ礁に対衛星電波妨害装置を設置か？
参　考	• 2009年 米国／ロシア　両国の人工衛星の衝突

〈出典〉片岡晴彦（元航空幕僚長）「宇宙産業と宇宙安全保障の連携の動向について」（経産省 産業サイバーセキュリティ研究会 WG1宇宙産業 SWG、2021.1.14）に筆者一部加筆・補正

を無力化する主な攻撃手法」及び「宇宙空間において急速に拡大する多種多様な脅威」が示すような宇宙空間における多種多様な対衛星兵器（ＡＳＡＴ）・手段の脅威の増大が指摘されている。

それらを背景に、米国などでは、宇宙を「作戦領域」あるいは「戦闘領域」と位置付ける動きが急速に広がっており、国家及び国際社会における宇宙安全保障は待ったなしの重要な課題となっている。

そこで改めて、宇宙（空間）とは何か、宇宙戦にはどのような機能があり、どのように運用されるのか、その結果、宇宙戦はどのように定義されるのかなどについて、以下、基本的なことを押さえておくこととする。

3　現代戦を決する「マルチドメイン作戦（ＭＤＯ）」の一環としての宇宙戦

ＷＷⅡ後に始まった米ソ冷戦は、両国の宇宙開発・軍拡競争を弥が上にも促したが、第２章で後述するように、実戦では１９９１年１月から２月の湾岸戦争によって大きくクローズアップされた。

同時に、近年のテクノロジーの進化が安全保障のあり方を根本的に変えようとしている。情報通信などの分野における急速な技術革新に伴う軍事技術の進展を背景に、現在の戦闘様相は、陸・海・空のみならず、宇宙に加えサイバー・電磁波といった新たな領域を組み合わせたものとなっている。

さらに、各国は、人工知能（ＡＩ）技術、極超音速技術、高出力エネルギー技術など将来の戦闘様相を一変させる、いわゆるゲーム・チェンジャーとなり得る先端技術の開発や活用に注力している。特に、技術の進展・拡散と相まって、無人・ＡＩアセットの開発・導入が進められており、従来の軍隊の構造や戦い方に根本的な変化をもたらしている。

これらの動きに合わせ、我が国では、２０１３（平成25）年12月に初の国家安全保障戦略が閣議決定された。それに基づき、２０１８（平成30）年12月に策定された防衛計画の大綱（30大綱）では、まず「多次元統合防衛力」の構築を基本方針に掲げた。その下に「宇宙・サイバー・電磁波を含む全ての領域における能力を有機的に融合し、その相乗効果により全体としての能力を増幅させる領域横断（クロスドメイン）作戦を遂行可能であること」とし、新たな運用構想として「領域横断（クロスドメイン）作戦（ＣＤＯ）」が打ち出された。

前述の通り、従来の軍事力の活動領域は、主として陸上、海上、航空であったが、宇宙空間での活動が飛躍的に拡大し、さらにサイバー空間や電磁波空間といった新たな活動領域が加わった。このように、軍事活動の領域・空間が一挙に倍増し、多領域・多空間に拡大しているのが今日的特徴であり、それが、世界の軍事フィールドに歴史的変化をもたらしているのである。なお、米国などは、マルチドメイン作戦（ＭＤＯ）という言語を用いている。中国は、「情報化戦争」あるいは「智能化戦争」と呼んでいる。その際、ドメインは、空間あるいは領域のいずれの意味にも使用される。

このように、現代戦では、従来の陸、海、空の領域に宇宙、サイバー、電磁波といった新たな領域を統合一体化した領域横断的あるいは多領域的な能力の強化が死活的に重要と認識されている。

つまり、現代戦は、新たな戦いの形としてのＣＤＯあるいはＭＤＯに際立った特徴がある。そのため宇宙戦は、その領域・空間で単独で生起することもあり得るが、「宇宙領域・空間への、またそこから、もしくはそれを通じた作戦」と言われるように、むしろ他の5領域・空間と協力し、あるいは他の領域・空間と一体となった作戦として遂行され、それを相乗効果的に強化するものである。

したがって、宇宙戦は、本質的に「統合（joint）」的であり、統合作戦に不可欠な働きをする所に大きな意義があり、今後、そのような地位役割を中心に強化発展して行くものと見られる。

換言すると、宇宙戦は、現代戦を構成する他のすべての空間・領域と密接不可分の関係にあって、作戦全体に重大な影響を及ぼす機能を果たすものである。その意味から、「宇宙を制する者はすべてを制する」と言っても過言ではないのである。

４　宇宙戦とは：宇宙戦を定義する

（１）宇宙空間の概念

宇宙には、哲学的、物理学的あるいは天文学的などからの解釈があるが、本書では、「月その他の天体を含む宇宙区間の探査及び利用における国家活動を律する原則に関する条約」（宇宙条約、１９６６年12月国連総会採択）が対象とする宇宙空間（space）という概念を中心に考えることとする。

宇宙空間とは、地球の外に広がる空間のことで、一般的に、地球から１００キロ（km）以上離れ重力が弱まった影響で大気がほとんどなくなった空間を指す。

ちなみに、国際航空連盟（ＦＡＩ）及び日本の宇宙航空研究開発機構（ＪＡＸＡ）は高度１００キロから上を、また、米国空軍は80キロから上を宇宙とそれぞれ定義している。

カナダのカールトン大学国際関係学科教授のエリノア・スローンは、その著書『現代の軍事戦略入門』（芙蓉書房出版、２０１５年）の「宇宙空間とは」の項で、軍事戦略的観点から宇宙空間を次頁の図表のように更に詳しく区分し、宇宙空間の各地形について説明を加えている。

それによると、「航空（air）」、すなわち空は、地表からおよそ50キロ上空のジェットエンジンが使用できる最も高い所、すなわち「航空の天井」まで広がっている。「宇宙空間（space）」は、およそ１５０キロの人工衛星が円周軌道を維持できる最低限の高度、すなわち「宇宙航行の底」から始まる。

航空・宇宙空間の区分

区　分	軌　道	地表からの高さ	人工衛星の種類	静止／周回（数／日）	備　　考
宇　宙（space）	高軌道	3万5千キロ以上（地球の重力圏の限界点の90万キロまで）	通信衛星（ICBM）早期警戒衛星	1回／日以内又は静止軌道	・3万6千キロ弱の上空で軌道が地球の自転と同じ場合は静止軌道 ・赤道上の静止軌道に等距離で3個配置すれば全地球の観測可能
	中軌道	800キロ～3万5千キロ	航法用人工衛星（GPSなど）	2～14回／日	・GPSは上空2万キロ
	低軌道	150キロ～800キロ	観測衛星 有人宇宙飛行 国際宇宙ステーション	14～16回／日	人工衛星が円軌道できる最低高度以上
横断領域（transverse region）		航空と宇宙の間の約100キロ	航空力学的な飛行および軌道循環の両方とも不可能な空域（「航空の天井」～「宇宙航空の底」）		
航　空（air）		約50キロまで			ジェットエンジンが使用できる最高高度
＊大気圏再突入の「大気圏」は、概ね高度100kmの辺りに境がある。空気抵抗の影響があらわれ始めるのが120km位であり、いわゆる「ブラックアウト」が起きるのが80km位である。なお、ブラックアウトは、人に大きなGがかかって、心臓より上にある脳に血液が供給できなくなり、完全に視野を失う症状を指す。					

〈出典〉エリノア・スローン著『現代の軍事戦略入門』（奥村真司・関根大介訳、芙蓉書房出版、2015年）を参考に筆者作成

米空軍のスペースパワーの理論家であるマイケル・スミス大佐によれば、「航空の天井」と「宇宙航行の底」の間の１００キロほどの空域には、航空力学的な飛行や軌道循環の双方とも不可能な「横断領域（transverse region）」が存在するという。この領域が「航空（空）」と「宇宙空間」を分けていると指摘している。

地球の軌道は、高度とその任務の実用性という観点から、３種類に分けられている。

低（高度）軌道は、地表上空１５０キロから８００キロまで広がっており、地球と比較的近いため、とりわけ地表を見るための観測衛星や有人宇宙飛行、国際宇宙ステーション（ＩＳＳ）にとって有用である。ちなみに、日本の情報収集衛星の高度は５００キロ前後、また、日本が参加しているＩＳＳは約４００キロである。

中（高度）軌道は、地表から８００キロから3万5千キロの範囲で、上空2万キロを回る全地球測位システム（ＧＰＳ）のように、測位航法（ナビ）用の人工衛星に使われている。

高軌道は、上空3万5千キロ以上であり、軍や民間の通信衛星や弾道ミサイルの発射を感知する早期警戒衛星にとって好ましい位置となる。

人工衛星の軌道は、低ければ低いほど地球に対して動きが速くなる。

低軌道の人工衛星は、１日で地球の周りを14回から16回も回る。中軌道は、２回から14回になり、高軌道は1日1回以内になる。もし、高軌道（3万5千キロ弱の上空）上にある人工衛星の軌道が地球の自転と同じであった場合には、この衛星は「静止軌道（geostationary orbit）」ということになり、地球上の1点で静止しているように見える。また、衛星を赤道上の静止軌道に等距離で配置できれば、3基の人工衛星で地球上の北緯70度から南緯70度までのすべての場所を常に観測することができる。

このように、軍事戦略的観点から宇宙戦で主として考慮しなければならないのは、地球から約4万キロまでの宇宙空間ということになる、としている。

（2）宇宙空間の探査利用に関する国際的取極め（国際法）

前述の通り、ＷＷⅡ終了後、間もなく米ソ冷戦がはじまり、ソ連の人工衛星スプートニク1号の打ち上げや米ソの大陸間弾道ミサイル（ＩＣＢＭ）開発など、宇宙空間における米ソの開発競争が激しくなった。

これに伴って地球上の軍拡が宇宙にまで及ぶことを懸念し、国連では、宇宙空間の平和的利用を継続する目的の決議案が採択され、１９５９年に宇宙空間平和利用委員会（ＣＯＰＵＯＳ）が設置された。

ＣＯＰＵＯＳの法律小委員会は、次頁の通り、現在までに五つの条約を作成し、国連総会は四つの原則を採択した。

これらのうち、宇宙条約は、「宇宙憲章」とも呼ばれ、前掲の通り、正式名称を「月その他の天体を含む宇宙空間の探査及び利用における国家活動を律する原則に関する条約」としているように、

	条　約　名	作成又は署名開放年
5条約	宇宙条約	1967年
	宇宙救助返還条約	1968年
	宇宙物体損害条約	1972年
	宇宙物体登録条約	1975年
	月協定	1979年
4原則	直接放送衛星原則宣言	1982年
	リモートセンシング原則宣言	1986年
	原子力電源搭載衛星原則宣言	1992年
	宇宙条約第１条明確化宣言（スペース・ベネフィット宣言）の原則	1996年

宇宙の探査・利用を法によって規制し、宇宙における法秩序を創設した国家の宇宙活動を律する基本法である。なお、天体（celestial bodies）とは、宇宙空間に存在する月などの物体の総称である。

同条約は、宇宙空間の探査利用は、国の発展の程度に関係なくすべての国の利益のために行われなければならないとし、宇宙空間は全人類に属するもので国境の概念がなく、すべての国が純粋に平和目的のためのみに自由に探査し、利用することができるとしている。しかし同時に、国家の取得の対象としてはならないと規定している。いわば、宇宙空間は人類が等しく享受すべき国際公共財（グローバル・コモンズ）である。

具体的には、探査利用の自由（第1条）、領有権の否定（第2条）、探査利用の国際法準拠（第3条）、大量破壊兵器の打ち上げ禁止（第4条）、国家の責任（第6条）、有害な汚染、干渉の防止（第9条）、天体の基地、施設等の開放（12条）、共同活動（第13条）などが謳われている。

特に、同条約は、宇宙空間の軍事利用を制限する軍備管理条約ともいわれ、第4条「大量破壊兵器の打ち上げ禁止」では、以下のように定めている。

> 条約の当事国は、核兵器及び他の種類の大量破壊兵器を運ぶ物体を地球を回る軌道に乗せないこと、これらの兵器を天体に設置しないこと並びにいかなる方法によってもこれらの兵器を宇宙空間に配置しないことを約束する。
>
> 月その他の天体は、もっぱら平和的目的のために、条約の全ての当事国によって利用されるものとする。天体上においては、軍事基地、軍事施設及び防衛施設の設置、あらゆる型の兵器の実験並びに軍事演習の実施は、禁止する。科学的研究その他の平和的目的のために軍の要員を使用することは、禁止しない。月その他の天体の平和的探査のために必要なすべての装備又は施設を使用することも、また、禁止しない。
>
> （傍線は筆者）

宇宙条約の採択にあたっては、当時、宇宙開発を競っていた米ソ両国間で「平和的目的」の解釈をめぐって活発な議論が交わされた。

その結果、「平和的目的」は、宇宙空間における「侵略的目的」、月その他の天体における「軍事的目的」の利用をそれぞれ禁止するとの解釈で決着した。

すなわち、宇宙空間への大量破壊兵器の設置を全面的に禁止する一方、同空間を非侵略的な「軍事的目的」に開発・利用したとしても、それは「平和的目的」に違反しないとした。月その他の天体上においては、文字通り「軍事基地、軍事施設及び防衛施設の設置、あらゆる型の兵器の実験並びに軍事演習の実施は、禁止する」との解釈である。

換言すると、宇宙空間における活動は、地上の国家と一体化した活動であるため、国連憲章第51条の「個別的又は集団的自衛の固有の権利」の範囲内の軍事行動であれば適法な行動となる。したがって、もし、ある国家が宇宙空間の利用において外国から武力攻撃を受けた場合、同空間で自衛権に基づく武力行使を行うことは、必ずしも禁止されていないのである。

２０２２年2月24日に始まったロシアによるウクライナへの軍事侵攻は、国際的に認められたウクライナの主権と領土の一体性を侵害し、力によって国境を変更しようとする公然たる試みであり、国連憲章第51条に基づく自衛戦争とは断じて認められない、同条に違反する侵略戦争に他ならない。しかしながら、これをロシアは、一方的なロジックで「特別軍事作戦」と称し「自衛戦争」であると主張している。

つまり、自衛戦争の範囲内で認められている宇宙空間の軍事利用は、当事国の恣意的意図や根拠のない理由によって、侵略戦争とも自衛戦争とも主張できるため、法的客観性・拘束性を欠いており、主権平等に基礎をおいた国際連合及び同憲章の限界を示すものとして、厳に注意が必要である。

また、第9条「有害な汚染、干渉の防止」では、以下通り規定している。

……条約の当事国は、月その他の天体を含む宇宙空間の有害な汚染及び地球外物質の導入から生ずる地球の環境の悪化を避けるように月その他の天体を含む宇宙空間の研究及び探査を実施し、かつ、必要な場合には、このための適当な措置を執るものとする。条約の当事国は、自国又は自国民によって計画された月その他の天体を含む宇宙空間における活動又は実験が月その他の天体を含む宇宙空間の平和的な探査及び利用における他の当事国の活動に潜在的に有害な干渉を及ぼすおそれがあると信ずる理由があるときは、その活動又は実験が行なわれる前に、適当な国際的協議を行なうものとする。条約の当事国は、他の当事国が計画した月その他の天体を含む宇宙空間における活動又は実験が月その他の天体を含む宇宙空間の平和的な探査及び利用における活動に潜在的に有害な干渉を及ぼすおそれがあると信ずる理由があるときは、その活動又は実験に関する協議を要請することができる。

しかし、中国は２００７年１月12日（現地時間）、何の事前通告もなしに地上８６５キロの軌道上にある自国の気象衛星「風雲１号Ｃ」を中距離弾道ミサイル（弾頭は運動エネルギー迎撃体＝通常兵器）で破壊する衛星破壊（ＡＳＡＴ）実験を行った。

この実験によって、風雲１号Ｃは、確認されただけで６００個以上の破片に分裂して拡散した。地上からのレーダー観測では確認不可能な、差し渡し10㎝以下の破片は数万個以上発生したと推測されている。

中国は、これを「科学実験」と主張しているが、明らかに宇宙条約第９条「有害な汚染、干渉の防止」に違反する重大事案である。

同時に、自国の実験が他国の活動に「潜在的に有害な干渉を及ぼすおそれがあると信ずる理由があるときは」事前に「適当な国際協議」を行う義務（宇宙条約第9条）及び「実行可能な最大限度まで」自国の宇宙「活動の性質、実施状況、場所及び結果」に関する情報提供を行う義務（同条約第11条）があるが、それらにも違反している。

ＡＳＡＴ実験は、冷戦時代にアメリカと旧ソ連が実施したことがある。しかし、大量の破片が発生して軌道上の衛星や宇宙船などと衝突する可能性が指摘されたことから、１９８５年以降実施されて来なかった。

宇宙空間を軍事的に利用して他国の衛星を破壊すれば、おびただしい数のスペースデブリ（宇宙ゴミ、ＳＤ）が発生する。このＳＤは、様々な高度と角度の軌道上に配置された商用や民生・軍事用の人工衛星と衝突し、これを破壊する可能性が十分にあり得る。

その結果、今日我々が当たり前のように享有《きょうゆう》している宇宙システムの利用が困難になり、社会経済活動などの様々な分野で支障をきたすことが十分に予測される。

したがって、月その他の天体を含む宇宙空間及びそこに存在する衛星等の破壊を伴う軍事的活動は、決して看過できないものである。しかし、宇宙条約をはじめとする既存の国際間の約束においては、宇宙物体の破壊の禁止やＳＤ発生の原因となる行為の回避などに関する直接的かつ実効的な規定がなく、その防止について国際社会が共同して取組むべき新たで、かつ重大な課題を突き付けている。

なお、宇宙条約以外では、「部分的核実験禁止条約」（１９６３年発効、日本：１９６４年批准）が、宇宙空間における核実験を禁止している。また、「環境改変技術禁止条約」（１９７８年発効、日本：１９８２年批准）は、宇宙空間の構造に変更を加える技術の軍事的使用その他の敵対的使用を禁止している。

近年、宇宙利用の多様化及び宇宙活動国の増加、さらに民間企業の参入に伴って宇宙空間の混雑化が進むとともに、衛星破壊（ＡＳＡＴ）実験や人工衛星同士の衝突等によるＳＤが増加するなど、持続的かつ安定的な宇宙利用に対するリスクが増大している。

このような環境の変化を踏まえ、国際社会では宇宙活動に関する国際的なルール作りが活発化しており、特に平和利用の分野に関しては、２０１９年６月、国連宇宙空間平和利用委員会（ＣＯＰＵＯＳ）において、９年間にわたる議論を経て「宇宙活動に関する長期的持続可能性ガイドライン」が採択された。安全保障面でも、新たな国際的取組みに向けた動きが始まっている。

なお、同ガイドラインについては、第６章で補足説明を加えることとする。

（3）宇宙兵器としての宇宙飛翔体の特性

ミサイル・ロケットや人工衛星、宇宙船、惑星探査機などの宇宙飛翔体（宇宙兵器）には、従来の陸・海・空兵器と異なった特性がある。

ア「究極の高地」としての視界とグローバルなプレゼンス・行動範囲

その一つは、「究極の高地」からの視界とグローバルなプレゼンス及び行動範囲を持つという点である。

空軍の場合は、他の主権国家の領土内を監視する際に、各種カメラや側方監視機上レーダー（SLAR）、電子機器（電子偵察）を使用するなどの方法がある。例えば、SLARの能力は、航空機の高度によって数キロから40～50キロまでに限られる。さらに奥深くを見るためには、一般的に、当該国の上空を通過するための許可を得なければならない。無許可の場合は、U－2偵察機撃墜事件のようなことが起きる。

column

U－2偵察機撃墜事件

1960年5月、ソ連上空を飛行していた米国のU－2偵察機が、ソ連のウラル上空で撃墜された事件。この時パイロットのパワーズは奇蹟的に脱出し、ソ連側に逮捕された。
ソ連のフルシチョフ首相はアメリカのスパイ行為であると激しく非難し、前年の自身のアメリカ訪問の返礼としてのアイゼンハウアー大統領のソ連招待をキャンセルし、パリでの巨頭会談も中止された。
この事件を機に、米ソの平和共存は暗礁に乗り上げ、１９６０年代は再び東西冷戦の緊張が高まった。

〈出典〉各種資料を基に筆者作成

一方、偵察衛星などの宇宙飛翔体の視界は、地球上のかなりの部分の地域をカバーし、プレゼンスを維持しつつグローバルなレベルから戦域レベルにわたり継続的に監視することができる。その上、国境を越えて他国の上空から情報を取得することが出来ることから、当該国の許可を必要としない。

このように、宇宙空間は、「究極の高地」として全世界を見渡せる視界を持ち、脅威対象国・軍隊を見下ろしつつ、衛星攻撃兵器（ＡＳＡＴ）の登場にもかかわらず航空機などと比較すると攻撃を受けにくい特性を備えている。

グローバルなプレゼンスは、「グローバルなアクセス」を手に入れ行動範囲を拡大する。

低軌道に66機で人工衛星のコンステレーション（星座）を構築し、中軌道に24機のＧＰＳ、そして静止軌道に少数の人工衛星を投入すれば、地球上のすべてのロケーションに対し同時アクセスが可能になる。また、その能力を獲得するには、通常装備・資器材による整備ほど多くの経費や資源、労力を必要としない。

イ　半固定的なプラットフォームと脆弱性

二つ目は、宇宙飛翔体には半固定的なプラットフォームという特性がある。

人工衛星は、いったん軌道に乗ってしまえば、その目的を果たすために一定の軌道を通るという運動法則に従う。そのため、人工衛星は、予測可能な軌道を通ることから、その位置を味方のみならず敵にも知られてしまい、衛星攻撃兵器（ＡＳＡＴ）による敵の攻撃や発生したスペースデブリなどによる障害・妨害に対して脆弱性を露呈するという弱点を抱えることにもなる。

一般的に、宇宙空間においては防御よりも攻撃の方が有利であるといわれ、人工衛星をＡＳＡＴなどから防護することには限界があることから、宇宙利用がある程度妨害されても機能が維持できるように、宇宙システムのみならず陸海空といった他領域上のシステムをも含む作戦遂行に必要なアーキテクチャ全体の抗堪性を強化する必要性が指摘されている。

ウ　弾道ミサイルの飛行経路と弾道ミサイル防衛（ＢＭＤ）

その三は、宇宙空間は核兵器の運搬手段である弾道ミサイルの飛行経路として核戦略を構成する重要な位置付けにある。

これに対する弾道ミサイル防衛（ＢＭＤ）システムの中間段階（ミッドコース）における迎撃は、一般的に「ロケットエンジンの燃焼が終了し、慣性運動によって宇宙空間（大気圏外）を飛行している段階」（令和4年版『防衛白書』）が想定されており、その際、一部のＡＳＡＴと同じように運動エネルギーによる破壊は宇宙空間の正常な活動を妨害し環境破壊をもたらす危険性が指摘される。

（4）宇宙戦の任務——宇宙戦はいかに戦われるのか

空軍力（エアーパワー）の理論家で、空軍力と宇宙戦力（スペースパワー）の関係性について体系化している米シンクタンク「戦略予算評価センター（ＣＳＢＡ）」のベンジャミン・Ｓ・ランベス（Benjamin S. Lambeth）博士は、その論文「空軍力、宇宙戦力、サイバー戦力（Airpower, Spacepower, and Cyberpower）」（JFQ/issue 60, 1st quarter 2011）の中で宇宙戦力の任務を四つに区分している。

その四つとは、「宇宙支援（space support）」、「戦力強化（force enhancement）」、「宇宙コントロール（space control）」及び「宇宙戦力の応用（space force application）」である。

本書では、この4任務に沿う形で宇宙戦の主要機能を考え、以下各主要機能について具体的に説明することとする。

ア　宇宙支援（space support）

宇宙支援には、人工衛星の打ち上げ及び他の人工衛星への干渉防止・異常時の破砕防止・他の人工衛星等との衝突回避など軌道上にあるシステムの管理、宇宙状況把握（ＳＳＡ）、そして運用寿命が尽きたり、見失ったり、故障したりした場合の人工衛星の再打ち上げなどの機能が含まれている。

イ　戦力強化（force enhancement）

戦力強化は、人工衛星などの宇宙システムの協力支援を通じて、地上の軍事システムの有効性を相乗的に強化することである。

通信衛星は、音声、データー、画像（例えば無人機から意思決定者に送るもの）をほぼリアルタイムで地球の裏側まで送ることができ、現代の軍事作戦の遂行において中心的役割を果たしている。またＧＰＳに代表される測位航法衛星の精密誘導によって、陸・海・空戦力の正確な発揮を可能とし、観測衛星は有人飛行機や無人機、それに陸上・海上での情報収集・警戒監視・偵察（ＩＳＲ）活動を強化している。

このように、宇宙戦力は、基本的に「統合」的なものであり、陸・海・空など他の軍事空間・領域と協力し、それを相乗的に応用することによって戦力を強化するものである。

ウ　宇宙コントロール（space control）

米国防省の２００５年版「軍事及び関連用語辞書（Dictionary of Military and Associated Terms）」によると、宇宙コントロール（ＳＰ）は、次頁の通り定義されている。

つまり、ＳＰとは、米国及びその同盟国の宇宙空間における行動の自由を確保し、必要があれば、宇宙空間における敵の行動の自由を阻止することであり、そのために、宇宙の監視、宇宙システムの防護及び敵対者によるＳＣの排除を行うことを意味する。その目的は宇宙優勢（space superiority）を獲得することに他ならず、宇宙戦における中心的役割を果たす位置付けにある。

冷戦直後から１９９０年代のほとんどの時期には、米国の宇宙空間における任務を妨害できる競争相手がいなかったことから、米国はＳＣの概念に余り注目して来なかった。しかし、２０００年代初期には、米国の潜在な脅威対象国（敵対国）が米国の宇宙関連アセットに対し嫌がらせや無効化、破壊などに至るまでの妨害能力を持ち始め、この概念が宇宙空間における必須の条件となったものである。特に脅威が明白な形で現れたのが、前述した２００７年の中国によるＡＳＡＴ実験である。

したがって、ＳＰの任務の第一は、宇宙支援、すなわち常に宇宙空間を監視する宇宙状況把握（ＳＳＡ）と密接に連携して作戦を行うことである。

その二は、我の行動の自由を確保するため、味方のシステムを敵の妨害や破壊などから守るための消極的（防御的）・積極的（攻撃的）な方法や手段を行使することである。例えば、消極的（防御合衆国及びその同盟国の宇宙における行動の自由を確保し、指令がある場合、宇宙における敵の行動の自由を拒否するための戦闘、戦闘支援及び戦闘戦務支援作戦。

ＳＰ任務の範囲には、以下が含まれる。

①宇宙の監視、②米国および友好国の宇宙システムの防護、③米国の国家安全保障上の利益及び戦闘管理、指揮、統制、通信及び情報への直接支援に敵対する目的で宇宙システムおよび業務を使用する敵能力の拒否（下線は筆者）。

Combat, combat support, and combat service support operations to ensure freedom of action in space for theUnited States and its allies and, when directed, deny an adversary freedom of action in space. The space control missionarea includes: surveillance of space; protection of US and friendly space systems; prevention of an adversary's ability to use space systems and services for purposes hostile to US national security interests; negation of space systems and services used for purposes hostile to US national security interests; and directly supporting battle management, command, control, communications, and intelligence.

的）な方法・手段には、システムの強化や分散などがあり、積極的（攻撃的）なものとしては、軌道上での頻繁な機動による残存性の確保や敵の人工衛星追尾能力を拒否するための電波妨害などが挙げられる。

その三は、敵の宇宙空間の活用を積極的に排除する、攻撃的な作戦がある。その中には、対象の衛星を衛星攻撃衛星（いわゆる「キラー衛星」）のアームで捕獲することや、レーザーなどの指向性高出力エネルギー兵器で無力化することなどがある。さらに、情報操作や欺編（deception）、拒否（denial）、劣化（degradation）、破壊（destruction）などがあり、そのターゲットは、軌道上の衛星だけではなく、地上の基地と人工衛星間の通信に対する電磁波攻撃（電波妨害）あるいは地上指令基地やミサイル発射基地の物理的破壊・サイバー攻撃など全方位的な能力が含まれる。

前述の通り、中国は、多種多様な対衛星兵器（ＡＳＡＴ）・手段を開発していると言われている。しかし、宇宙空間でのミサイルによる衛星破壊や中間段階（ミッドコース）の弾道ミサイルの運動エネルギーによる破壊は、宇宙空間に深刻なスペースデブリ問題を引き起こすため、実行可能なオプションとは認められず、国際法上の違反行為として重大な課題を突き付けている。

エ　宇宙戦力の応用（space force application）

宇宙戦力の応用は、２００１年に米国の「ラムズフェルド委員会（the Rumsfeld Commission）」によってはじめて提唱された概念であり、特に宇宙空間から、そして宇宙空間を通した戦力投射の可

情報操作や欺編などを活用した攻撃的作戦の一例 ――宇宙戦能力を覆い隠して敵を誤解させる巧妙な作戦・戦術
①商用コンステレーションの軍事目的への悪用：satellite-in-a-haystack approach 商用コンステレーションの中に軍事衛星を潜り込ませ、必要な期間だけ、商用機能を急速に軍事機能に切り替える。
②見かけ上「死んだ衛星（dead satellites）」の起動運用 見かけ上「死んだ衛星」を宇宙空間に残置し、作戦の決定的な時点で、または他の宇宙資産が危険にさらされた場合に起動させ作戦に運用する。
③スペースデブリに見せかけた衛星の使用 本来、人工衛星であるものを、使用済みの最終ロケット段階や破壊された宇宙船の部品などとして軌道上のスペースデブリに見せかけておき、必要に応じて活性化させる。
④科学衛星や気象衛星などの小型軍用衛星運搬母船（トロイの木馬衛星）としての活用 軍事用の小型衛星を、科学衛星や気象衛星などの大型の民間衛星内の展開サイロ（deployment silos）に搭載しておき、戦時にそこから放出して作戦に活用する。
⑤民間の衛星周波数帯域を使用してデータパケットを送受信する軍用衛星（space decoy） 軍用周波数帯域での送信を囮として使い、民間の周波数帯域を軍用目的で使用し、観測者の注意をそらす作戦を行う。
⑥宇宙船の大量破壊による衝突カスケードの形成→宇宙空間の使用不能化 本オプションは、宇宙領域を汚染することで自国の作戦が妨げられたり、戦争が終わってから長い間宇宙へのアクセスが制限されたりすることから、止むを得ない最終的手段として採用の可能性を否定できない。

〈出典〉Greg Rowlands, “Astrosubterfuge：Deception & Disguise in the Space Domain”, Australian Army Research Centre, 16 July 2019を筆者が要約
https://researchcentre.army.gov.au/library/land-power-forum/astrosubterfuge-deception-disguise-space-domain（as of February 3, 2023）

能性を強調したものである。

米国国防省の２００５年版「軍事及び関連用語辞書」及び同２０１７年版（3月現在）によると、宇宙戦力の応用は次頁の通り定義されている。

宇宙空間の中（in）で行われる戦闘作戦には、例えば、敵の弾道ミサイルをその中間段階で迎撃する弾道ミサイル防衛（ＭＢＤ）が該当する。

宇宙空間を通過（through）して行われる戦闘作戦には、ＩＣＢＭのように中間段階で宇宙空間を通過するものが挙げられる。

宇宙空間から（from）行われる戦闘作戦には、宇宙空間から地球上の目標に対して戦力投射できるすべての能力、すなわち非核の運動エネルギー兵器や非運動エネルギー兵器が使用される。地球上の目標には、ミサイル等の重要地下サイロ、弾薬貯蔵施設、地下指揮所などの強固・高価値の目標や水上艦艇、航空基地、装甲戦闘車群、Ｃ４ＩＳＲシステムなどが含まれることになろう。

これらのうち、宇宙空間の中（in）及び通過（through）して行われる作戦戦闘は、宇宙コントロールと重複する概念あるいは機能であることから、宇宙空間から（from）行われる作戦戦闘、すなわち宇宙からの対地攻撃能力が、宇宙戦力の応用における特徴的概念・機能として他と区別されることになろう。

宇宙からの対地攻撃能力としては、ソ連時代から開発試験を続けている部分軌道爆弾システム（ＦＯＢＳ）がある。

地上の目標にリスクを与える能力を保持することによって、紛争の方向と成り行きに影響を与えるために、宇宙空間の中や、そこを通過、もしくはそこから行われる戦闘作戦。
宇宙戦力の応用の任務分野には、弾道ミサイル防衛（BMD）と戦力投射が含まれる。
Combat operations in, through, and from space to influence the course and outcome of conflict by holding terrestrial targets at risk.
The space force application mission area includes ballistic missile defense and force projection.

また、米国と中国が宇宙空間からの対地攻撃兵器を検討していると見られている。

column

部分軌道爆弾システム（FOBS）

単に軌道爆弾ともいう。

低い高度の衛星軌道に乗せて、地球を1周しないうちに目標地点の上空で逆噴射を行い減速して大気圏内に降下突入し対地攻撃を行う。命中精度の点では弾道ミサイルに劣るが、相手の早期警報システムの盲点をつく方向から攻撃することができる。ただし、1967年の宇宙天体条約では、核兵器や他の大量破壊兵器を、地球を回る軌道に乗せることは禁止されている。

〈出典〉日本大百科全書（ニッポニカ）を筆者一部補正

（5）宇宙戦の定義

これまで、宇宙空間、現代戦における宇宙の位置付け、宇宙開発・軍拡競争の激化に伴った宇宙空間の探査利用に関する国際的取極め（国際法）、宇宙兵器としての宇宙飛翔体の特性及び宇宙戦の主要機能などについて、その概要を述べた。

それらを踏まえ、宇宙戦とは何かについて、その定義を試みることとする。

「宇宙先進国」で、依然として「世界最大の宇宙大国」の米国は２０１９年8月、地域別統合軍として宇宙コマンド軍（ＵＳＳＰＡＣＥＣＯＭ）を創設するとともに、同年12月には6番目の軍種として空軍省内に宇宙軍（ＵＳＳＦ）を創設した。

ＵＳＳＰＡＣＥＣＯＭは宇宙戦を遂行する任務を有する組織であり、ＵＳＳＦはＵＳＳＰＡＣＥＣＯＭに対するフォース・プロバイダーとして宇宙戦力を編制し、訓練し、装備を整える（ＯＴＥ）役割がある。

ＵＳＳＰＡＣＥＣＯＭは、その任務をホームページ上で次頁の通り明らかにしている。

当該任務では、宇宙戦を「宇宙において、またはそこから、もしくはそこへ向けての作戦（operations in, from and to space）」とし、宇宙戦の空間的関係性を明確にしている所に注目したい。

また、本章で簡潔に触れ、第2章で詳述するように、冷戦以降、宇宙空間を巡る歴史では、米ソを中心に他国に対する軍事的優位性を求めて宇宙開発・軍拡競争が繰り広げられたことを確認した。

そして、現代戦における宇宙の位置付けでは、宇宙戦が「マルチドメイン作戦（ＭＤＯ）」において他の領域・空間と協力し、あるいは他の領域・空間と一体となった作戦として遂行される所に大きな意義があり、基本的に「統合」的なものであることを指摘した。

さらに、前掲の米国防省の「宇宙コントロール（ＳＣ）」の定義では、「宇宙における行動の自由合衆国宇宙コマンドは、紛争を抑止するため、宇宙において、またはそこから、もしくはそこへ向けて作戦を行い、また、もし必要があれば、攻撃を抑止し、統合／連合軍に対し宇宙戦力を提供し、同盟国や友好国とともに米国の死活的利益を防衛する。

United States Space Command conducts operations in, from and to space to deter conflict, and, if necessary, defeat aggression, deliver space combat power for the Joint/Combined Force and defend U.S. vital interests with allies and partners.

を確保し、…宇宙における敵の行動の自由を拒否するための…作戦（operations to ensure freedom of action in space ... and, ... deny an adversary freedom of action in space）」とし、宇宙戦の目的を示し、その目標が宇宙優勢（space superiority）の獲得にあることを示唆している点も重要である。

そこで、以上の諸論点を総合的に勘案し、本書では、宇宙戦を次の通り定義することとした。

宇宙戦は、宇宙空間において、又はそこから、もしくはそこへ向けての作戦をいい、宇宙空間における行動の自由を確保し、また、宇宙空間における敵の行動の自由を拒否するための作戦を遂行して宇宙優勢（space superiority）を獲得し、我の全空間（陸、海、空、宇宙、サイバー、電磁波）における統合作戦を一体的に遂行できる最適な状態を維持することを目的とした戦いである。

このように、宇宙戦は、現代の「マルチドメイン作戦（ＭＤＯ）」にとって密接不可分の作戦・戦闘領域となっており、前述の通り、これからの戦いは「宇宙を制する者はすべてを制する」という時代に入ったと言えるのである。

以下、本書の記述に当たっては、前掲の定義を下敷きとして論述を展開することとする。

第2章　軍事がリードしてきた宇宙開発の歴史と最近の動き

1　戦後の米ソを中心とした宇宙開発・軍拡競争の歴史

（1）1950年代：ソ連による世界初の人工衛星スプートニク1号の打ち上げと米ソのミサイル・ギャップ

前章でも簡潔に触れたように、WWⅡ終了後間もなく、米ソ（東西）冷戦がはじまった。1957年のR－7ロケットによる人工衛星スプートニク1号の打ち上げは、宇宙開発の分野のみならず、ICBMの実戦化を巡る米国の立ち遅れを具体的に示したソ連との「ミサイル・ギャップ」として捉えられ、米国民に深刻な脅威認識と大きな衝撃（「スプートニク・ショック」と言われた）を与えた。

そのミサイル・ギャップを埋めるべく米国は迅速に行動し、１９５８年に初の人工衛星の打ち上げに成功するとともに、ＩＣＢＭアトラスの試射にも成功した。この年、米国航空宇宙局（ＮＡＳＡ）が組織された。

アイゼンハワー米大統領（１９５３年１月～１９６１年１月）は、アメリカ初の宇宙政策を策定したが、真珠湾の戦略的奇襲を念頭に提出された、キリアン（Killian）報告書「奇襲攻撃の脅威への対処」（１９５５年２月）に基づき、ソ連の弾道ミサイル攻撃に対する早期警戒（ＢＭＥＷ）システムとしての情報収集を重視した。同報告書は、レーダー探知システムを利用した弾道ミサイル偵察衛星の実現を目指すよう提案している。

なお、このことは、１９６０年にソ連偵察中の米Ｕ－２偵察機がウラル上空で撃墜された時に、改めて情報（インテリジェンス）の重要性を再確認させるとともに、宇宙空間の利用に情報分野が加わり、さらに拡大的利用の動きを起こす切っ掛けとなった。

他方、英国は、１９５２年に初の原爆実験を、また１９５７年には初の水爆実験を、それぞれ実施した。

（２）１９６０年代：「キューバ危機」と宇宙空間平和利用条約

米国は１９６０年、初の実用衛星であるタイロス１号（気象衛星）を打ち上げ、また、潜水艦発射弾道ミサイル（ＳＬＢＭ）ポラリスの水中発射に成功した。

ソ連は１９６１年４月、ガガーリン少佐を乗せた有人宇宙船ボストーク１号の打ち上げに成功した。１９６５年には、２人乗りの宇宙船ボスホート２号を打ち上げ、レオノフが初の宇宙遊泳を行なった。

その動き追って米国は、１９６１年５月にマーキュリ宇宙船打上げ（弾道飛行、シェパード飛行士搭乗）を成功させた。１９６２年には、通信衛星テルスターを打ち上げ、大西洋横断テレビ中継に初めて成功し、翌年、初の静止軌道通信衛星シスコムを打ち上げ、太平洋横断テレビ中継に成功した。１９６５年には、米国も２人乗りの宇宙船ジェミニ４号を打ち上げ、ホワイトが宇宙遊泳を行った。さらに、米国は１９６９年、宇宙船アポロ11号による世界初の有人月面着陸を成功させた。

顧みると、米ソ間では１９６２年10月、世界中を核戦争の瀬戸際の恐怖に陥れた「キューバ危機」が発生した。

キューバ革命に対する米国の敵視政策はエスカレートし、これに対してソ連がキューバに攻撃用のミサイル基地を設置した。米国は、さらなるソ連からのミサイル搬入を阻止するため、ソ連に対しキューバを海上封鎖すると通告し、直ちにキューバのミサイルを撤去するよう要求した。

ソ連はこの要求を拒否し、キューバも海上封鎖を「主権に対する侵害」だとして非難した。かくして10月24日、アメリカによるキューバの海上封鎖が開始され、米ソ関係は核攻撃による衝突寸前にまで事態は切迫した。しかし、フルシチョフ首相からの申入れで外交交渉が行われ、アメリカがキューバへ侵攻しないことを条件に、ソ連がミサイルを撤去することに同意したことから、この危機は回避された。

中国は、1964年に初の原爆実験に、1966年に初の核ミサイル実験に、また、1967年に初の水爆実験に、それぞれ成功した。

フランスは、1960年にサハラ砂漠で初の原爆実験を、また1968年には南部太平洋で初の水爆実験を、それぞれ実施した。また、1965年に、初の人工衛星ディアマンA1号を打ち上げた。

一方、1960年代は軍備管理の分野で、大きな進展があった。1967年、関係各国は、前掲の宇宙空間の平和利用を謳った宇宙条約に署名し、当該時点の構成国は日本を含む74か国を数えた。また、米国、ソ連、英国、フランスそして中国の5か国は、核兵器保有国をこれ以上増やさないことに共通の利害を見出し、米英ソ3か国は1968年7月1日に核兵器不拡散条約（NPT）を締結し、1970年3月に発効した。なお、フランスと中国は、1992年に締約国となった。

国境紛争を抱えるインドとパキスタンは、同条約に入らず、インドは1974年5月18日に、パキスタンは1998年5月28日にそれぞれ最初の核実験を行った。

（3）1970年代：中国初の人工衛星打ち上げ

日本は1970年2月、全段無誘導のL-4Sロケット5号機によってソ・米・仏に次いで世界で4番目となる初の人工衛星「おおすみ」の打ち上げに成功した。

中国は１９７０年4月、初の人工衛星「東方紅1号」の打ち上げに成功した。日本に次ぎ、世界で5番目となった。

ソ連は１９７１年、世界初の宇宙ステーション・サリュートを、米国は１９７３年に宇宙ステーション・スカイラブを、それぞれ打ち上げた。

インドは１９７４年、初の地下核実験を行った。

１９７０年代には、米国のベトナム戦争疲れとソ連の軍拡に伴う経済停滞や中ソ対立などを背景として、東西冷戦の緊張緩和（デタント）が進展した。

そのような中、１９７５年に米国とソ連は、アポロ・ソユーズ共同飛行を実施し、7月17日にドッキングに成功した。

１９７９年9月、イスラエルが南アフリカ近海の南インド洋のはるか上空で、秘密裡に核実験を行ったとの観測があり、同国の核兵器保有が「公然の秘密」となった。その後の２００７年、国際原子力機関（ＩＡＥＡ）のモハメド・エルバラダイ事務局長（当時）はイスラエルを核保有国と位置付けた。

軍備管理等の分野では、１９７０年、米ソが第1次戦略兵器制限交渉ＳＡＬＴⅠの本格交渉を開始し、１９７１年には核戦争の危険を減少するための措置に関する米ソ間協定に署名した。引き続き、１９７２年に米ソはＳＡＬＴⅠおよび弾道弾迎撃ミサイル（ＡＢＭ）制限に関する協定に、また１９７３年には核戦争防止協定にそれぞれ署名した。さらに１９７４年、両国は地下核実験制限条約に署名するとともに、第２次戦略兵器制限交渉ＳＡＬＴⅡに関する共同声明を出し、１９７９年に署名した。

（４）１９８０年代：米国の戦略防衛構想（ＳＤＩ）と米ソの核軍縮の進展

１９７９年12月にソ連がアフガニスタンに侵攻し、これに米国など西側諸国が反発して１９７０年代の緊張緩和（デタント）が終わり、両陣営は「新冷戦」といわれる対立に引き戻された。その後、１９８５年、ソ連にゴルバチョフ政権が登場したことで、劇的な緊張緩和の高まりをもたらし、１９８９年の米ソ両首脳によるマルタ会談で冷戦終結を宣言するに至った。

１９８１年、米国は、初の宇宙往還機スペースシャトルの飛行に成功し、この年２回飛行した。

１９８３年、米国のレーガン大統領は戦略防衛構想（ＳＤＩ）を発表した。これを受けて、米ソは１９８５年に軍備管理交渉を開始し、１９８７年、レーガン米大統領とゴルバチョフソ連共産党書記長との間で中距離核戦力（ＩＮＦ）として定義された地上発射型の弾道ミサイルと巡航ミサイルを全て廃棄することを目的としたＩＮＦ全廃条約に署名した（批准書の交換は１９８８年）。また、１９８８年、米ソは初の地下核実験共同検証を米国ネバダで実施するとともに、両国外相は１９８９年にＳＴＡＲＴＩの再開で合意した。

一方、中国は、１９８０年に初めて南太平洋へ向けてのＩＣＢＭ実験を行い、１９８２年にはＳＬＢＭの水中発射実験に成功した。

column

戦略防衛構想（ＳＤＩ）

戦略防衛構想（ＳＤＩ）は、先端技術を用いて敵ミサイルをアメリカ本土着弾前に破壊しようという弾道ミサイル防衛システムの研究構想で、１９８３年にレーガン大統領が提唱した。別名スターウォーズ計画とも言われた。

米国のミサイル防衛研究の歴史は古く、弾道ミサイルの誕生とほぼ同時に開始された。特に、レーガン大統領は、ソ連のＩＣＢＭ攻撃の脅威に対し、１９７２年のＳＡＬＴⅠやＡＢＭ条約、１９７９年のＳＡＬＴⅡ等の取極めにもかかわらず、米国の「相互確証破壊（ＭＡＤ）戦略」による安全保障の確保に疑問を抱いた。そのため、同大統領は１９８５年１月、「戦略防衛構想（ＳＤＩ）に関する大統領発表」を行い、同盟国にもＳＤＩ研究への協力を要請した。しかし、ＳＤＩの実現には技術的な困難とともに、莫大な

費用がかかることから計画は思うように進展しなかった。そのうち、１９８５年にソ連にゴルバチョフ政権が誕生し冷戦が終結したことから、ＳＤＩ計画は現実性がなくなり、米国政府は１９９３年、正式に同計画を放棄した。

次のブッシュ（父）政権は、ポスト冷戦の安全保障環境の変化を強く意識するとともに、湾岸戦争（１９９０〜91年）でイラクのスカッド・ミサイル攻撃を受けた経験を踏まえ、レーガン政権時代のＳＤＩを原形として弾道ミサイル防衛（ＢＭＤ）を国防政策の重要課題として位置付けた。そして、２００２年6月にはＡＢＭ条約からも脱退し、ミサイル防衛体制の構築を推進した。

米国のＳＤＩ計画は、弾道ミサイル（ＢＭ）を早期に探知し、ＢＭの飛翔経路である①ブースト段階、②ミッドコース段階および③ターミナル段階のそれぞれの段階に適した迎撃システムを組み合わせ、相互に補って対応する多層防衛システムの構築を目指し、可能なものから早期に配備することとしていた。今日、実現を見たＢＭＤシステムはＳＤＩ研究に端を発している。

〈出典〉画像はFine Art America、説明文は各種資料を基に筆者作成

（5）１９９０年代：冷戦終結と世界的な核ミサイル拡散の動き——多極化への動き

１９９０年代に入って冷戦が終結し、朝鮮半島において南北の和解が模索され、米国が在韓米軍の戦術核兵器を撤去させる計画を発表した。

それを背景に、北朝鮮は１９９１年12月、韓国との間で「朝鮮半島の非核化に関する共同宣言」を採択した（１９９２年2月に発効）。続いて１９９２年1月、北朝鮮は国際原子力機関（ＩＡＥＡ）との保障措置協定の調印に応じた。

こうしてＩＡＥＡの査察が実施されたが、その結果、北朝鮮の申告内容との不一致が露見し、さらに、核廃棄物貯蔵施設と思われる二つの未申告施設の存在も明らかになったため、ＩＡＥＡは未申告施設に対する「特別査察」の受入れを要求した。しかし、北朝鮮はこれを拒否して１９９３年3月にＮＰＴからの脱退を宣言し、日本海中部に向けて弾道ミサイルの発射実験を行った。以降、米朝会談、日本、米国、韓国、中国、ロシア、北朝鮮が参加する「北朝鮮問題に関する六者会合」などを経るが、北朝鮮は引き続き核ミサイル開発を推進した。

イランは１９７４年、初のブシェール原子力発電所の建設を開始したが、工事が難航したため、１９９０年代も工事は継続された。最終的にロシアの協力を得て２０１３年9月に完成させたが、核兵器開発疑惑から、２００２年8月以降、欧米諸国の経済制裁を受けた。

日本では１９９０年、民間人であった秋山豊寛氏が日本人として初めてＮＡＳＡの有人宇宙飛行に参加した。１９９２年には、毛利衛氏が米スペースシャトルに日本人初の宇宙飛行士として搭乗し、生命科学、材料工学実験、衛星の回収と放出などを行った。

　北朝鮮は１９９８年８月31日、東部大浦洞（テポドン）付近のミサイル発射施設から、「テポドン１号」を基礎としたと見られる弾道ミサイルを警告もなく発射した。ミサイルの一部は日本海に落下するとともに、その他の部分が日本の上空を通過し三陸沖の太平洋に落下したと推定される「テポドンミサイル事案」が発生した。

　それを契機に、日本では、過去には行われてこなかった情報収集衛星（偵察衛星）の打ち上げやミサイル防衛（ＭＤ）など防衛目的での宇宙利用が行われるようになった。

　米国のレーガン大統領が１９８４年、「人が生活することのできる宇宙基地を、10年以内に建設する」という発表を行い、それを受け、クリントン政権下の１９９４年、ロシアの参加を得て国際宇宙ステーション（ＩＳＳ）計画が本格的にスタートした。

　１９９８年11月に最初のパーツ、基本機能モジュール「ザーリヤ」が打ち上げられて以来、ロシアのプロトンロケットやソユーズロケット、アメリカのスペースシャトルを使って、それぞれのパーツを40数回に分けて打ち上げ、宇宙での組み立てが進み、２０１１年７月に完成した。

　その間、２０００年11月から宇宙飛行士の長期滞在が始まった。２００９年には日本が開発した実験棟「きぼう」の組み立てが完成した。

　冷戦終結後のロシアは、国力が極度に低下したため、米国一極支配に反対する立場から、１９９０年代以降、段階的に中国との関係を改善し、１９９６年には中露間で「戦略協力パートナーシップ」を締結して、経済面だけでなく安全保障を含めた包括的な関係を構築した。

その後、２００１年６月の上海協力機構（ＳＣＯ）の設立、２００１年７月の「中露善隣友好協力条約」の締結などを通じて、世界の多極化を推進する立場を共有して中露の戦略的協力関係の維持を図った。

軍備管理等の面では、１９９２年に米国とロシアなど旧ソ連４か国がＳＴＡＲＴＩ議定書に署名した。また、米露は、１９９３年、ＳＴＡＲＴⅡに署名した（１９９６年米上院批准、２０００年ロシア下院批准）。

（６）２０００年代：露中の対宇宙戦能力の向上と宇宙の作戦・戦闘領域化

ロシアでは、１９９９年12月、エリツィン大統領の辞任に伴い、大統領代行に指名されたプーチン氏が、２０００年の大統領選挙を制して初当選した。以来、「強い国家」や「影響力ある大国」を掲げ、首相を務めた期間（２００８年～２０１２年）を除き、長期政権を維持して「大ロシア復活」の野心的動きを強めている。

２００５年、北朝鮮外務省は「核兵器製造」などを内容とする声明を発表し、２００６年には地下核実験の実施を発表するに至った。また、２００８年、北朝鮮は核計画の申告を提出し、２００９年、日本上空を超えるミサイルを発射した。また、２回目の地下核実験の実施を発表するとともに、日本海に向けて計７発の弾道ミサイルを発射した。

米国は２００２年、ミサイル防衛配備について発表し、２００３年にはオーストラリアがミサイル防衛計画への参加を決定した。これを契機として、ミサイル防衛に関する動きが本格化した。

２００８年、米海軍イージス艦が制御不能衛星をＳＭ－３による大気圏外での撃墜に成功した。

２００９年、オバマ米大統領は、「プラハ演説」で「核兵器のない世界」を提唱するとともに、欧州ＭＤ配備計画の見直しについて発表した。

ロシアは２００７年、新型ＩＣＢＭの発射実験と新型のＳＬＢＭ「ブラヴァ」の発射実験に成功したと発表した。

他方、２０００年代の初め頃から、宇宙戦の現実化の動きが顕在化した。

２００３年のイラク戦争（２００３年３月～２０１１年12月）において、イラクが米ＧＰＳ信号に対する妨害攻撃を行った。

中国は２００３年、中国初の有人宇宙船「神舟５号」を打ち上げた。また、２００７年には衛星破壊実験を実施し、２００８年、有人宇宙船「神舟７号」の打ち上げと初の船外活動に成功した。

ロシアと中国は、ミサイルの直撃により衛星を破壊するのではなく、よりスペースデブリの発生が少ない指向性エネルギーにより攻撃するレーザー兵器などのＡＳＡＴを開発中とみられ、攻撃対象となる衛星と地上局との間の通信などを妨害する電波妨害装置（ジャマー）も開発していると指摘された。

さらに中国は、宇宙空間において衛星の周辺で別の衛星を機動させ、キラー衛星の動きを模擬する試験を実施したと指摘された。このため、米国などでは、宇宙を「作戦領域」や「戦闘領域」と位置付ける動きが広がった。

日本は、２００５年に小惑星探査機「はやぶさ」がイトカワへのタッチダウンに成功し、２００７年にＨ－ⅡＡロケットにて月周回衛星「かぐや」の打ち上げに成功した。２００８年には、宇宙基本法が成立・施行され、同法に基づき、内閣に宇宙開発戦略本部が設置され、２００９年に宇宙基本計画を決定した。

軍備管理等の分野では、２００１年、米露はＳＴＡＲＴⅠの履行を完了し、２００２年に戦略攻撃能力削減条約に調印した。なお、ＳＴＡＲＴⅠは２００９年に失効した。

一方、北朝鮮は、２００３年にＮＰＴ脱退を宣言した。

（７）２０１０年代：露中の宇宙戦組織・体制の強化

米国は２０１０年、「弾道ミサイル防衛見直し（ＢＭＤＲ）」、「核態勢の見直し（ＮＰＲ）」および「国家宇宙政策（ＮＳＰ）」を公表した。

ロシアは、２０１０年に「ロシア連邦軍事ドクトリン」を発出し、それに基づき、２０１５年に空軍と航空宇宙防衛部隊を統合して航空宇宙軍を創設した。また、同年、「ロシア連邦国家安全保障戦略」を承認し、米国による宇宙への兵器の配備が、グローバル及び地域的な安定を阻害している要因の一つと指摘した。２０１６年３月には、「２０１６～２０２５年のロシア連邦宇宙プログラム」を発表した。

中国では、習近平氏が２０１２年11月に中国共産党総書記及び軍事委員会主席に、また２０１３年３月に中華人民共和国国家主席に、それぞれ就任した。それ以来、「中国の夢」としての「中華民族の偉大な復興」を国家目標に「富国強兵」へと歴史的転換を決意し、活動範囲を国外へ拡大して東アジアそして世界の外交ゲームに参入したことによって、国際社会に及ぼす影響は不可避となった（なお、習近平氏は、２０２２年から２０２３年にかけて、前例のない党総書記、軍事委員会主席及び国家主席の３期目入りを果たしている）。

中国は２０１０年、ミサイル迎撃実験実施を発表した。２０１４年７月には、人工衛星の破壊を伴わない対衛星ミサイルの実験を行った。また、２０１１年、中国の宇宙白書「２０１１年中国の宇宙」を公表するとともに、２０１６年１月には、「軍改革」の一環として、宇宙・サイバー・電子戦を担当する戦略支援部隊などの新設を発表した。

日本は、２０１０年にＨ－ⅡＡロケットにて、金星探査機「あかつき」の打ち上げに成功し、２０１３年にはイプシロン・ロケットにて惑星分光観測衛星「ひさき」を打ち上げた。

北朝鮮は２０１２年、「人工衛星」と称するミサイルを２回発射した。２０１３年には３回目の地下核実験の実施を発表したため、国連安保理は北朝鮮への制裁強化に関する決議第２０９４号を採択した。それに反発した北朝鮮は、六者会合に基づいて稼働を停止していた黒鉛減速炉の再整備、再稼働を表明した。また、同国は、２０１４年、弾道ミサイル発射（５回）を行い、２０１６年には水爆と自称する地下核実験実施と弾道ミサイル発射を数回繰り返した。

２０１０年代後半の２０１７年1月、米国にトランプ政権が誕生し、中国の覇権的拡大の動きに対する警戒感が高まって米中貿易戦争が本格化したことで米中対立がより実感を伴った形で顕在化した。

軍備管理等の面で、米露はＳＴＡＲＴＩの後継条約である「新ＳＴＡＲＴ」を２０１１年に発効させた。米国は、同条約に中国の参加を呼び掛けたが、中国は米国との軍備管理協議を拒否している。

２　米中対立下の最近の主要国の動き——米国を追い上げる中国

米国では、トランプ大統領（～２０２１年1月）に次いで２０２１年1月にバイデン氏が大統領に就任した。

バイデン政権は、２０２１年3月に発表した国家安全保障戦略（ＮＳＳ）暫定指針の中で、インド太平洋地域と欧州地域における米軍のプレゼンスを最重視する方針を表明し、特に、中国について、安定し開かれた国際システムに対して持続的に挑戦する能力を秘めた唯一の競争相手と位置づけ、長期的に対抗していく考えを示した。

同様に、２０２２年10月に公表したＮＳＳにおいても、中国が米国にとって最も重大な地政学的課題であると位置付け、「中国は、国際秩序を塗り替える意図を持ち、経済・外交・軍事・技術面での影響力を拡大している唯一の競争相手である」と指摘した。また、「国防戦略（ＮＤＳ）」（同年10月公表）では、宇宙領域について、敵の妨害や欺瞞にかかわらず、戦闘目標を達成するための監視・決定システムの能力を向上させるとしている。

米国は、トランプ前政権下で「国家宇宙戦略（ＮＳｆＳ）」（２０１８年８月）と「国防宇宙戦略（ＤＳＳ）」（２０２０年６月）を発出し、宇宙が明確な「戦闘領域」であるとの認識を示して、宇宙の安定性確保のための能力の獲得を進めている。

その前年の２０１９年８月、宇宙の任務を担っていた戦略軍の一部を基盤に新たな地域別統合軍として「宇宙コマンド」を発足させ、同年12月、６番目の軍種として空軍省の隷下に「宇宙軍」を新たに創設した。さらに、２０２２年11月、宇宙コマンドの隷下に宇宙に関する作戦を調整する連合統合任務部隊を創設した。また、地域別統合軍であるインド太平洋軍に宇宙部隊を、同年12月には中央軍に宇宙部隊をそれぞれ新編している。

中国は、前述の通り、宇宙・サイバー・電子戦能力を強化するため、２０１５年12月に中央軍事委員会の直轄部隊として戦略支援部隊を創設した。同部隊は、衛星の打ち上げ・追跡を、また、中央軍事委員会の装備発展部が有人宇宙計画などをそれぞれ担当しているとみられる。

２０１９年７月に公表した国防白書「新時代における中国の国防」では、宇宙は国際的戦略競争の要点であり、宇宙の安全は国家の建設及び社会の発展の戦略的保障であると主張している。また、２０２１年３月に全人代で採択された「第14次５か年計画及び２０３５年までの長期目標の綱要」において、航空宇宙分野の発展を加速する方針を明らかにしたほか、２０２２年１月に発表された「中国の宇宙」白書では「宇宙強国の建設」を強調し、宇宙事業を発展させるとしている。また、同年10月の第20回党大会における習近平総書記の報告の中でも、「宇宙開発強国の建設を加速させる」との方針を再確認した。

　２０１９年１月に無人探査機「嫦《じょう》娥《が》４号」の世界初の月の裏側への着陸と２０２０年９月に衛星打ち上げロケット「長征11号」の黄海上の船舶からの打ち上げに、それぞれ成功した。２０２１年４月には、中国宇宙ステーション「ＣＳＳ」のコアモジュール「天和」の打ち上げを行い、同年10月には有人宇宙船「神舟13号」と「天和」のドッキングを成功させるなど、宇宙活動を活発化させている。

　中国は、宇宙空間の軍事利用を否定しておらず、人工衛星による情報収集、通信、測位など軍事目的での宇宙利用を積極的に行うとともに、多種多様な対衛星兵器（ＡＳＡＴ）・手段も開発していると指摘され、米国の宇宙優勢（space superiority）に敢然と挑戦を続けている。

　ロシアは、１９８５年以降実施して来なかった衛星破壊実験を、２０２１年11月に自国の衛星を標的として実施した。また、シリア紛争への軍事介入やウクライナ戦争における軍事作戦で宇宙能力を活用している。

ロシアは、国営宇宙公社ロスコスモス（ＲＯＳＣＯＳＭＯＳ）がロシアの科学分野や経済分野の宇宙活動を担う一方で、国防省が安全保障目的での宇宙活動に関与している。ロシア連邦軍は、２０１５年８月に空軍と航空宇宙防衛部隊を統合して航空宇宙軍を創設し軍事面での宇宙活動や衛星打ち上げ施設の管理などを担当している。

今後の宇宙活動を展開していく具体的な方針として、前掲の「２０１６～２０２５年のロシア連邦宇宙プログラム」では、国産宇宙衛星の開発・展開、有人宇宙飛行計画などを盛り込んだ。そして、２０３０年までに、観測、気象、通信、測位などを行う６００機の衛星による衛星コンステレーション構想「スフェラ」を計画しており、また、２０２１年４月には、ボリソフ副首相が国営テレビ番組で、２０２５年以降、国際宇宙ステーションから撤退し、独自の宇宙ステーションを開発する計画を明らかにしている。

プーチン大統領は、ウクライナ戦争開始から約1年を迎えた２０２３年２月21日に年次教書演説を行い、米露間に唯一残った核軍縮合意である新ＳＴＡＲＴの履行停止を一方的に表明した。ウクライナ戦争での苦戦が伝えられる中、米国を牽制し揺さぶりをかける狙いがあると見られるが、今後の核戦略を巡る情勢が不安定感を増す恐れが懸念される。

北朝鮮は、過去６回の核実験に加え、近年、弾道ミサイルの発射を繰り返すなど、大量破壊兵器や弾道ミサイル開発の推進及び運用能力の向上を図ってきた。技術的には、核兵器の小型化・弾頭化を実現し、これを弾道ミサイルに搭載して日本を攻撃する能力を既に保有しているとみられる。

さらに、２０２１年1月には金正恩委員長が「中長距離巡航ミサイルをはじめとする先端核戦術兵器」の開発に言及し、同年9月及び２０２２年1月には、北朝鮮は長距離巡航ミサイルの試験発射が成功した旨発表した。

特に２０２２年以降、北朝鮮は極めて高い頻度、かつ新たな態様でのミサイル発射を繰り返しているほか、数次にわたり核武力の強化に言及するなど、国際社会に背を向けて核・弾道ミサイル開発のための活動を継続する姿勢を依然として崩していない。

また、２０２３年5月と8月に偵察衛星の打ち上げを行った。いずれも失敗に終わったが、近いうちに3回目の発射を行うと宣言しており、金正恩総書記の「必ずやる、成功するまで発射する」という方針は、今後も変わらない筈である。

北朝鮮は、今後、さらなる挑発行動に出る可能性も考えられ、こうした傾向は近年より一層強まっており、東アジア地域のパワーバランスを維持する上で大きなリスク要因となっている。

このように、近年、宇宙空間を利用した技術は、様々な分野に活用され、各国の軍官民の基幹インフラとして、その重要性が一段と高まっている。特に軍事分野では、宇宙空間において、観測や通信、測位などの機能の面で自国の軍事的優位性を確保するための能力を急速に開発しており、それに対抗する観点から、衛星破壊や機能発揮妨害など他国の宇宙利用を妨げる能力も同時に重視されている。

米国は、依然として世界最大の宇宙大国であるが、その宇宙優勢に挑戦する中国やロシアの宇宙

ロケット製造能力及び衛星を保有する国

- 自前の打ち上げ能力を有する国は９か国、地域。
- 自国の衛星を保有する国の数は50か国以上。
- 早期かつ効果的に通信インフラを整備したい新興国が増加を牽引。

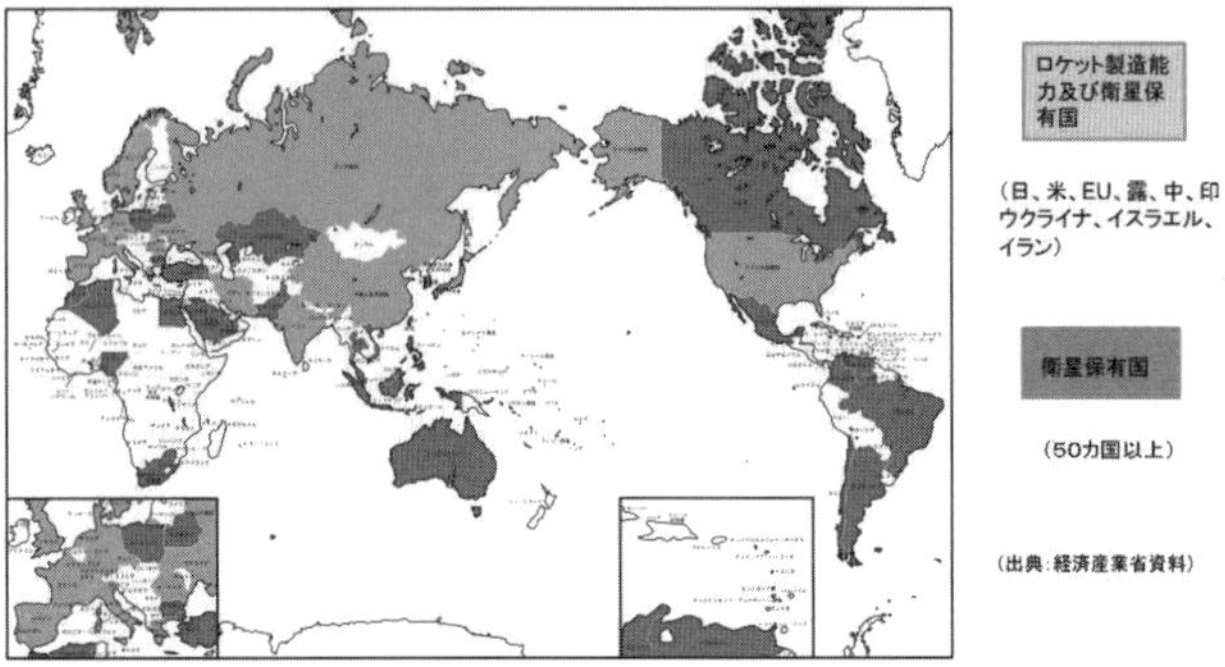

〈出典〉経済産業省資料

（備考）韓国は2022年６月、国産大型ロケットの打ち上げに初めて成功し、人工衛星を軌道に乗せた。１トン以上の衛星をロケットで打ち上げられる国としてはロシア、米国、フランス、日本、中国、インドに続いて７番目という。

大国が米国の地位を脅かしており、今後、これら3か国を中心とした宇宙開発・軍拡競争は、益々熾烈さを増していくことになろう。

3　史上初の宇宙戦：湾岸戦争

以上、米ソ（露）を中心に、中国などを交えた戦後の宇宙開発・軍拡競争の歴史を概観した。スプートニク1号の打ち上げ以来の約30年余り、大陸間弾道ミサイル（ICBM）などの開発を通じ、地球の高高度の軌道には通信衛星、中高度には測位衛星、そして低高度には観測衛星など1・3万機（国連公表資料）を超える人工衛星が打ち上げられた。

情報・通信衛星と測位衛星の組み合わせなどを利用した宇宙からのサポートによって、陸・海・空戦力の運用における精密度と情報伝達速度の飛躍的な向上が可能となった。これが、実戦における成果として現れたのが１９９１年の湾岸戦争であり、多くの専門家が同戦争のことを「史上初の宇宙戦」と見なしている。

同戦争では、作戦レベルにおける宇宙利用の有効性が認識され、同レベルのみならず戦術レベルでも宇宙の軍事利用が活発に行われた。特に、全地球測位システム（ＧＰＳ）に代表される測位衛星網や大容量・高速通信衛星網の整備が、米軍のＣ４ＩＳＲ化の進展を後押しし、末端の部隊でも測位衛星を使用した位置把握や衛星画像による状況把握、通信衛星を使用した司令部・部隊間の通信に加え、ミサイルや爆弾の誘導に測位衛星を使用する方式が用いられた。また、通信衛星は無人航空機（ＵＡＶ）の管制や飛行中の巡航ミサイルに対する目標指示にも使用され、作戦・戦術の立案から、指揮統制、実際の交戦に至るまで幅広い局面で宇宙利用が進んだ。

その後米国は、「世界最大の宇宙大国」として宇宙優勢を確保し、２００１年から始まったアフガン戦争や、２００３年のイラク戦争（第２次湾岸戦争）など低強度から高強度までに至る紛争の全スペクトラムにおいて宇宙戦をほぼ独占的に展開してきた。

国立国会図書館調査及び立法考査局「宇宙政策の動向（科学技術に関する調査プロジェクト２０１

６)」の「３　宇宙と安全保障」では、次のような具体的データーが示されている。

例えば１９９１年の湾岸戦争当時、中東に派遣された米軍約50万人が利用できた衛星通信容量は約１００Ｍｂｐｓであったのに対し、２００１年に始まったアフガニスタン戦争では５万人の兵力に対して７００Ｍｂｐｓ、２００３年のイラク戦争では約21万人の兵力に対して４Ｇｂｐｓにも達した。こうした衛星通信能力の強化により、米軍は多数のＵＡＶを同時運用することが可能となったほか、湾岸戦争当時は目標の発見から攻撃までに平均１日かかっていたのに対し、イラク戦争では平均11分まで短縮された。また、イラク戦争で使用された誘導兵器のうち、ＧＰＳ誘導兵器の割合は約４割に達したほか、湾岸戦争当時は平均して１個中隊（約１８０名）当たり１個しか配備されていなかった携帯用小型ＧＰＳ受信機がイラク戦争時には１個分隊（９名）につき１個の割合で配備されるようになった。このような人工衛星等を活用した地球上の軍事作戦の支援、すなわち宇宙を用いた戦力強化（Space Force Enhancement）は欧州諸国においても進んでおり、ガリレオ測位衛星システムを使用した測位・航法・計時（ＰＮＴ）機能及び兵器の誘導、ＩＭＩＮＴ衛星、ＳＩＧＩＮＴ衛星、早期警戒衛星及び通信衛星等を用いたＣ４ＩＳＲ機能等が軍事・安全保障用途で活用されるようになっている。

この動きを見ていたのが、ロシアと中国である。

ロシアは、２０１５年に始めたシリア紛争への軍事介入を各種新兵器の実験場として利用し、宇宙戦を展開した。例えば、カスピ海の海軍艦艇（コルベット）から、測位衛星航法システムの支援を得て巡航ミサイルが発射され、約１５００キロ離れたシリア領内のイスラム国（ＩＳ）拠点を破壊した。また、人工衛星による情報・通信・測位航法の支援の下、ロシア国内からＴｕ－95爆撃機等がシリアを爆撃するとともに、ロシア海軍の潜水艦が地中海から巡航ミサイルをシリア領内に発射した。実戦において潜水艦から巡航ミサイルが発射されたのは、ソ連時代を通じて史上初めてである。２０２１年11月には自国の衛星を標的にした衛星破壊実験を実施した。そして、これらの成果が、ウクライナ戦争においても拡大的に発揮されていると見られている。

今や宇宙大国の一つとなった中国は、実戦での経験は無いが、２００７年１月に衛星破壊実験を実施するとともに、多種多様な対衛星兵器（ＡＳＡＴ）・手段を開発するなど将来的に米国の宇宙における優位を脅かす恐れがあると指摘されるまでに、宇宙戦能力を飛躍的に向上させている。

４　史上初の宇宙で行われた戦闘：ハマス・イスラエル戦争

２０２３年10月７日（現地時間）、パレスチナ暫定自治区のガザ地区を実効支配するイスラム原理主義組織ハマスが、イスラエルを奇襲して、極めて大規模なロケット弾による攻撃と、地上からの越境攻撃を行い、「ハマス・イスラエル戦争」へと事態をエスカレートさせた。

英テレグラフやイスラエルのエルサレム・ポストなどが報じる所によると、２０２３年10月31日、イランの支援を受けたイエメンの親イラン武装組織フーシ派がイスラエル南部の港湾都市エイラトに向け弾道ミサイル発射したが、これをイスラエル国防軍のミサイル迎撃システム「アロー」が地球の大気圏外で撃墜したという。

フーシ派がイスラエルに発射したミサイルは弾道ミサイル「ブルカン」を改造した「ブルカン３」とみられ、同ミサイルは射程距離が最大１２００キロに達し、イスラエル領土奥深くにある目標に到達可能である。一方、イスラエルのミサイル迎撃システム「アロー」は、イスラエルのエアロスペース・インダストリーズ社（ＩＡＩ）が米ミサイル防衛局（ＭＤＡ）と共同開発したもので、「アロー２」は大気圏内、「アロー３」は大気圏外で飛来する弾道ミサイルを撃墜する能力があり、今回は「アロー３」が使用されたとみられる。

このミサイル発射・迎撃事案は、実戦において「宇宙で行われた初めての戦闘」と考えられると英テレグラフは伝えており、いよいよ宇宙戦が現実化した時代を迎えたことを実感させ、同時に、今後このような戦闘が宇宙において行われる可能性が高まることを予期させるもので、軍事史における重要な分岐点として新時代を画することになろう。

第3章

主要国の宇宙戦への取組み

本章は、米中露3か国の宇宙戦への取組みについて、国別に解説している。そのため、前第2章第2項「米中対立下の最近の主要国の動き―米国を追い上げる中国」と内容が重複している部分があるが、論旨の展開上、あえてそれを厭わず記述している。

第1節　世界最強の「宇宙大国」米国の「宇宙戦」

1　宇宙戦の位置付けと取組み

（1）宇宙戦の位置付け

既述の通り、１９５７年のソ連による世界初の人工衛星スプートニク1号の打ち上げは、科学技術でソ連を凌駕しているとされていた米国の面目をつぶすとともに、米国の安全保障を脅かすとの強い懸念をもたらす「スプートニク・ショック」を引き起こし、１９５８年に米航空宇宙局（ＮＡＳＡ）を設立してソ連との宇宙開発競争に乗り出させる歴史的動因となった。

その後米国は、核戦略の推進と連動した宇宙開発において、ソ連との激しい競争を通じ、世界初の偵察衛星や月面着陸などに加え、軍事、科学、資源探査など多種多様な宇宙活動を発展させてきた。また、民間においても、２０２０年5月にスペースX（Ｓｐａｃｅ Ｘ）社が世界初となる民間有人宇宙飛行を成功させるなど、軍官民合わせた「世界最大の宇宙大国」として国際社会をリードしている。

もとより、米国は国際社会にあって、中国の急激な台頭により相対的な地位と力が低下しているとはいえ、また、オバマ大統領の「アメリカはもはや世界の警察官ではない」（２０１３年9月）との発言にもかかわらず、依然として政治・外交、経済、軍事、科学技術、情報、文化などあらゆる分野で最も大きな影響力を持つ世界大国であり、世界のリーダーとしての役割を果たす責任を堅持している。

米国は、バイデン政権下で２０２２年10月に公表された直近の「国家安全保障戦略（ＮＳＳ）」において、直面する世界を民主主義国家と独裁国家の間の競争が激化する「世界史の重要な変曲点」であると捉え、その戦略対象に中国、ロシア、イラン及び北朝鮮を挙げ、中でも中国が「最も重大な地政学的課題」であるとの認識を示している。そして、中国に対する持続的な競争力を維持する一方で、依然として非常に危険なロシアを抑制することも重視し、「中国を打ち負かし、ロシアを抑制する」との戦略目標を明示している。

米国は、中国とロシアの対宇宙戦能力の向上に伴い、「宇宙が戦闘領域に移行した」という安全保障・国防を中心とした政府関係者の共通認識の高まりを受け、２０１０年代中頃から、陸・海・空の作戦を宇宙から情報・通信・測位などの面で支援するだけではなく、宇宙空間・領域での作戦・戦闘に備えることに関心を向けるようになった。中露両国が軌道上の人工衛星を直接攻撃する対衛星兵器（ＡＳＡＴ）や衛星と地球局を結ぶ通信リンクを攻撃対象とする電波妨害兵器といった対宇宙戦能力の開発・試験を活発化させているのがその背景にある。

オバマ政権（２００９年1月～２０１７年1月）下の国防省は、２０１４年から宇宙に戦争が波及した場合への備えを本格化させ、トランプ政権（２０１７年1月～２０２１年1月）発足後も国防省はそうした取組みを継承・発展させてきた。そして２０１８年、宇宙における包括的な軍事的優位の構築を掲げた「国家宇宙戦略（ＮＳｆＳ）」が策定された。またＮＳｆＳ２０１８と同年の国防戦略（ＮＤＳ）に則り、21世紀の新しい安全保障環境に対応し、今後10年間で宇宙における望ましい条件を達成するための指針を国防省に提示する目的で、２０２０年６月、直近となる「国防宇宙戦略（ＤＳＳ）」を公表した。

その中で、グローバルな商業的および国際的な宇宙活動の急速な増加は、宇宙環境の複雑さを増していると指摘した上で、宇宙は、米国の安全、繁栄、科学的成果にとって不可欠であり、宇宙ベースの能力は、米国および世界中の現代生活に不可欠であり、米国の軍事力の不可欠な要素であると述べている。

特に、中国とロシアは、米国と同盟国の軍事的有効性を低下させ、宇宙での作戦の自由に挑戦する手段として宇宙を兵器化しているとし、最大の戦略的脅威であると指摘している。そして、「今や宇宙は、明確な戦闘領域である」との認識を明示し、大国間競争を特徴とする複雑な安全保障環境のなかで競争、抑止、勝利を可能にするとの考えを示した。その達成に向けては、政策、戦略、運用、投資、能力、専門知識に対する国防省全体の体制変更が求められるとの見解を示し、米国の国家安全保障宇宙計画の歴史の中で最も重要な改革に着手する必要性を強調して、より弾力性のある宇宙システムの構築を加速させるとした。

米軍は、マルチドメイン作戦（ＭＤＯ）を統合の作戦術の一つとしている。また、前述の通り、ＵＳＳＰＡＣＥＣＯＭは、その任務を「合衆国宇宙コマンドは、紛争を抑止するため、宇宙において、またはそこから、もしくはそこへ向けて作戦を行い、また、もし必要があれば、攻撃を抑止し、統合／連合軍に対し宇宙戦力を提供し、同盟国や友好国とともに米国の死活的利益を防衛する」としている。このように、宇宙戦を「宇宙において、またはそこから、もしくはそこへ向けての作戦(operations in, from and to space)」とし、宇宙戦の他領域・空間との緊密な関係性を強調している。

つまり、米軍内での宇宙戦の位置付けは、基本的に「統合」的なものであり、ＭＤＯにおいて他の領域・空間と協力し、あるいは他の領域・空間と一体となった作戦として遂行され、その相乗効果により全体としての能力を増幅させる役割をもって運用される確かな方向性を示すものとなっている。

（2）宇宙戦への取組み：宇宙政策・戦略

米国の宇宙開発は、第1章で述べた通り、ほぼ核の時代と軌を一にしており、核抑止戦略と宇宙戦略が表裏一体の関係性をもって推進され、軍事分野のニーズが大きな動機となって牽引されてきた。

１９５７年、ソビエト連邦は初めての衛星スプートニク1号を打ち上げ、１９５８年には米国がエクスプローラー1号でそれに続き、１９６９年の月面着陸に至る初期の試験的な段階から再利用可能なスペースシャトル、そして今日のアルテミス計画まで、米国の宇宙開発計画は、宇宙工学の息を呑むような展開をもたらした。

column

アルテミス計画

ＮＡＳＡが提案している、月面探査プログラム全体をまとめて、「アルテミス計画」と呼んでいます。２０２５年以降に月面に人類を送り、その後、ゲートウェイ（月周回有人拠点）計画などを通じて、月に物資を運び、月面拠点を建設、月での人類の持続的な活動をめざします。２０２０年10月、この計画を推進するため、アメリカ、日本、カナダ、イタリア、ルクセンブルク、ＵＡＥ、イギリス、オーストラリアの8か国が「すべての活動は平和目的のために行われる」ことなどをはじめとした、アルテミス合意にサインしました。

〈出典〉ＪＡＸＡ・有人宇宙技術部門「Ｆｕｔｕｒｅ国際宇宙探査の取り組み」「アルテミス計画　いま再びの月へ」

その間、主な軍事利用としては、画像偵察、早期警戒、電波情報収集、通信、測位など多種多様な機能を持つ衛星が打ち上げられ、その運用は多岐にわたっている。

特に、１９７３年に米海軍と空軍が協力して開発に着手した人工衛星利用の全地球測位システム

（ＧＰＳ）は、情報分野での技術革命（ＩＴ革命）と組み合わさり、１９９０年代に開花した軍事革命（ＲＭＡ）の大きな原動力となった。もともと軍用として開発されたＧＰＳであったが、民間機の安全な航行などのために民生的用途でも使えるよう、レーガン政権下の１９９３年から開放が始まり、１９９５年に「完全運用宣言」がなされた。

いまや米国は、世界最大の宇宙大国となっており、米軍の行動において宇宙空間の重要性は強く認識され、安全保障・国防の目的のために積極的かつ広範囲に利用されている。

湾岸戦争（１９９１年）やコソボ紛争（１９９８～99年）では、情報衛星、通信衛星と航法衛星などの一体的運用によって、陸・海・空部隊に対する宇宙からのサポートが行われ、情報伝達の劇的な向上と戦力の使用における高精度の発揮が可能となり、世界が驚嘆する成果となって現れた。前述の通り、湾岸戦争は、「史上初の宇宙戦争」だと見なす軍事専門家が多い。

一方、中国は、１９５０年代から宇宙開発を推進し、宇宙空間は国家間の戦略競争の攻略ポイントであると認識して、人工衛星や有人宇宙飛行、月面探査機の打ち上げ、衛星破壊（ＡＳＡＴ）実験などを行い、米国に迫る勢いで宇宙開発を進めている。

また、ロシアの宇宙活動は、１９９１年のソ連解体以降、一時期低調な状態にあったが、近年、再び活動を拡大しており、中露は米国の宇宙における支配的地位を脅かすようになっている。

このような情勢を背景として、米国は２０１０年６月、オバマ政権下で宇宙政策に関する目標、原則などの基本的指針を示す「国家宇宙政策」（ＮＳＰ）を公表した。

その中で、ブッシュ前政権のコンステレーション計画の方針転換、国際協力の拡大と産業基盤の強化及び宇宙環境の安定のための宇宙状況認識（SSA）の強化などの基本方針が示された。

2017年12月には「国家安全保障戦略（NSS）」が公表され、その中で、多くの国が戦略的な軍事行動を支援するため衛星を購入しているほか、宇宙空間のアセットに対する攻撃能力は非対称的な優位性をもたらすと考え、様々な対衛星兵器を追求している国も存在すると指摘した。その上で、宇宙空間への無制限のアクセスと活動の自由が米国にとって重要な利益であるとの認識を示すとともに、新たに設立された国家宇宙会議（NSpC）で、長期宇宙目標を検討し、戦略を発展させるとした。

米国は、前述の通り、2018年に「国家宇宙戦略（NSfS）」を公表し、「敵対者が宇宙を戦闘領域に変えた」との認識を示したうえで、宇宙空間における米国及び同盟国の利益を守るため、脅威を抑止及び撃退していくと表明した。

2019年1月に公表した国家情報戦略（NIS）では、改めて宇宙領域における脅威認識を示し、敵対者が一部の分野で米国を上回る能力を持って宇宙領域におけるプレゼンスを増大させているとして、警戒感を表明した。さらに、同年7月に公表された国家軍事戦略（NMS）では、すべての作戦領域における能力の統合にかかわる運用手法の概念を導入し、陸海空に加え、宇宙・サイバー領域を重視するとした。

また、2020年の「国防宇宙戦略（DSS）」において、「今や宇宙は、明確な戦闘領域である」との認識を示し、中国とロシアを最も深刻で差し迫った脅威と評価したほか、宇宙領域における優位性の確保、国家的な運用や統合・連合（共同）作戦を宇宙能力で支援すること、および宇宙領域の安定性確保の3点を目標として掲げた。

さらに、米国政府は、同年12月に公表した「国家宇宙政策（ＮＳＰ）」において、宇宙の平和利用の原則のもと、国家安全保障活動のために宇宙を引き続き利用するとしている。

前掲のＤＳＳ２０２０において、国防省は、改めて次の4目標の追求を通じて宇宙戦能力を発展させるとしている。

第一は、「宇宙領域における優位性の維持（Maintain Space Superiority）」である。

国防省は、宇宙領域における米国の作戦の自由を確立、維持、保護する。また、米国および、指針に基づき同盟国、パートナー、および商業宇宙の能力を保護および防衛し、敵対的な宇宙の使用を阻止および打ち負かす準備を行うとしている。

その二は、「国家、統合及び連合作戦に対する宇宙支援の提供（Provide Space Support to National. Joint. and Combined Operations）」である。

国防省の宇宙戦力は、持続的で包括的な宇宙での軍事的優位性を通じて、あらゆる分野で国家、統合、および連合（共同）作戦を可能にする高度な宇宙能力と効果を提供する。また、繁栄している国内の民間および商業宇宙産業を活用し、強化するとしている。

このことは、インド太平洋を統括するインド太平洋軍（ＩＮＤＰＡＣＯＭ）及び同盟国日本に対して、宇宙コマンドが、訓練・演習を組織し、宇宙での戦いに備える任務を有していることを意味している。

その三は、「宇宙領域の安定性の確保（Ensure Space Stability）」である。

国防省は、同盟国及びパートナーと協力して、宇宙における侵略を抑止し、宇宙で（in）の、宇宙へ（to）の、宇宙を経由して（through）の安全な通過を提供し、国際的に認められた基準に則った宇宙の良き管理者としての責任ある行動を支持し、宇宙交通管理（ＳＴＭ）及び宇宙活動に関する長期的な持続可能性における米国のリーダーシップを支援するために、宇宙における永続的なプレゼンスを維持するとしている。

その四は、「戦略的環境の形成（Shape the Strategic Environment）」である。これには、脅威について一般の人々を教育すること、宇宙での責任ある活動を促進すること、そして有害な干渉に対しては、国防省がその時点で選択された手段をもって周到に対処する用意があることを敵対者に知らしめることが含まれるとしている。

バイデン政権になって、米国は２０２２年10月に「国家安全保障戦略（ＮＳＳ）」と国防戦略（ＮＤＳ）を公表した。

ＮＳＳ２０２２で米国は、中国が最も重大な地政学的課題であるとの認識を示すとともに、ロシアそしてイランや北朝鮮による攻撃を抑止することに重大な関心を持っていることを明示している。

その中で、「環境、大気、海洋、宇宙、サイバー空間、国際商取引の大動脈が守られ、すべての人にとってアクセス可能であること」を目標に掲げている。

その上で、中国の宇宙・対宇宙、サイバー、電子戦などの能力の急激な強化と統合を、又ロシアの対宇宙脅威などをそれぞれ指摘し、潜在的な敵に、彼らの敵対的な活動のコストが彼らの利益を上回ることを納得させるための能力のシームレスな組み合わせによる「統合抑止」を戦略の核心に据えている。そして、競争相手の戦略が軍事（陸、空、海、サイバー、宇宙）と非軍事（経済、技術、情報）の領域を横断していることを認識した「領域を横断した統合」や「同盟国およびパートナーとの統合」などの重要性を説いている点に特徴がある。

なお、米国防総省は、２０２４会計年度（２０２３年10月～２０２４年９月）の予算教書の国防費関連において、中国やロシアを念頭に「米国の宇宙システムに対する脅威が増している」と指摘し、「宇宙を安全に利用できる能力を手に入れる」と表明した。特に、中国を「対応が必要な挑戦相手」だと強調して、人民解放軍（中国軍、ＰＬＡ）の主導で開発を進める宇宙分野で激化する競争に打ち勝つために過去最大の３３３億ドル（約４兆４３５０億円）を要求し、備えるとしている。その内訳は、ミサイルの追跡技術などの開発や衛星利用測位システム（ＧＰＳ）の運用などを重視する方針である。

２　宇宙戦の組織・体制

（１）全般

組織面では、大統領直轄組織である国家航空宇宙局（ＮＡＳＡ）が主に非軍事分野の宇宙開発を担う一方、国防省（ＤＯＤ）が国防・軍事分野の観測衛星や偵察衛星などの研究開発と運用を行っている。

また、安全保障関連としては、国家情報長官官房（ＤＮＩ）がインテリジェンス機能の統括を、エネルギー省（ＤＯＥ）が核不拡散監視や原子力電源を、国務省（ＤＯＳ）が外交・安全保障関係を、そして国土安全保障省（ＤＨＳ）が災害対応やテロ対策を、それぞれ担任している。（次図参照）

ＮＡＳＡは、１９５８年に設立されて以来、アポロ計画、スペースシャトル計画、国際宇宙ステーション（ＩＳＳ）計画といった大規模な有人宇宙研究・開発に加え、宇宙観測、地球観測、深宇宙探査、商業打上サービスプログラムなどの分野でも幅広く活動を展開してきた。

他方、国防分野において、トランプ政権は、宇宙は米国の経済的繁栄や国防にとっての基盤であり、不可欠な支援を提供する領域であるとして、重要視する姿勢を示してきた。こうした中、ペンス副大統領は２０１９年3月、国家安全保障にかかる宇宙関連事業が60を超える省庁に分散した結果、指導力と責任が欠如しているとして、組織体制上の不備を指摘した。

米国の宇宙開発体制

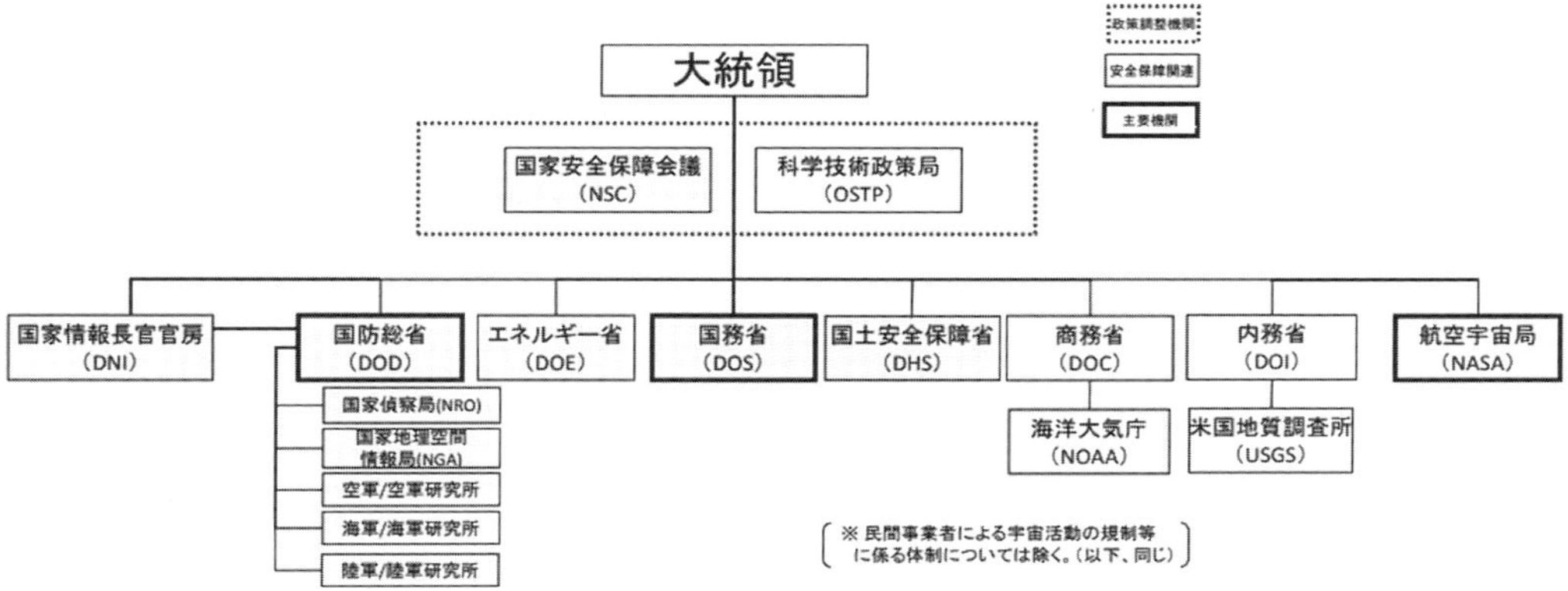

国務省：外交・安全保障関係
国防総省：安全保障関連（軍事通信、様々な偵察・監視）、
使い切り型ロケット
国土安全保障省：災害対応、テロ対策
国家情報長官官房：インテリジェンス機能の統括
エネルギー省：核不拡散監視、原子力電源
航空宇宙局：宇宙科学、地球科学、深宇宙探査、有人宇宙研究・開発、
宇宙ステーション、商業打上サービスプログラム等
商務省海洋大気庁：気象等地球観測
内務省米国地質調査所：陸域地球観測（ランドサット）

〈出典〉内閣府宇宙戦略室「海外主要国の宇宙政策及び宇宙開発利用の動向」（平成25（2013）年３月）

また、前述の通り、国防省内でも、２０１０年代中頃から宇宙を陸・海・空に次ぐ第４の作戦空間として捉える見方が有力となった。

このような認識の下、トランプ政権は２０１９年3月、国防省内に宇宙開発庁（ＳＤＡ）を創設した。ＳＤＡは、国防省の宇宙開発への取組みを統合・集約し、同省の脅威主導の将来宇宙アーキテクチャーを監督し、宇宙における米国の技術的および軍事的優位性を確保するために必要な新しい軍事宇宙能力の配備を加速する責任を負っている。

また、同政権は、宇宙領域を集約的に司る組織の創設を提唱し、１０１９年8月には、インド太平洋軍などと並ぶ地域別統合軍である「宇宙コマンド（ＵＳＳＰＡＣＥＣＯＭ）」を創設して、運用面での統合を図った。

さらに、これまで米軍内で分散していた宇宙関連部隊の組織、訓練や装備にかかる権限を集約し、戦力構築・提供（フォース・プロバイダー）面で主導的な役割を果たすことを目的に、同年12月、６番目の軍種として空軍省の隷下に人員約1万６０００人規模の「宇宙軍（ＵＳＳＦ）」を新たに創設した。

なお現在、米軍の軍種は、陸軍、海軍、空軍、海兵隊、沿岸警備隊に加え、新たに創設された宇宙軍の六つの軍種から成っている。

また、米空軍研究所は、最先端の宇宙環境研究施設の建設を２０２１年3月に開始しており、２０２２年に稼働を開始した。

宇宙軍創設の式典において、トランプ大統領は、「宇宙は最も新しい戦闘領域である」との認識を示した。中国やロシアなどが宇宙における米国の脆弱性を悪用するための戦略や能力を開発しており、これによって宇宙が戦闘領域となったとし、米国は宇宙における優位性を失う危険性があるとの危機感がその背景にある。このような認識から、宇宙軍の創設は、宇宙における取組みを戦闘支援から競争と戦闘の領域へと抜本的に転換するものと位置付けられ、宇宙軍の部隊は、宇宙状況監視、衛星運用、陸海空軍などへの支援といった任務に加え、宇宙コマンドの指揮統制の下、独自の戦闘領域の一つとして、宇宙優勢のための攻勢及び防勢の両面にわたる作戦を遂行するとされている。

米軍の運用は、軍種ごとではなく、軍種横断的に編成された統合軍（Unified Combatant Command）の指揮のもとで行われており、統合軍は、機能によって編成された四つの機能別統合軍と、地域によって編成された七つの地域別統合軍から構成されている。

陸・海（含む海兵隊）・空（宇宙軍を含む）戦力及び核攻撃兵器を含む核戦力のほか、サイバー空間での脅威の増大に対処するため、２０１８年5月、戦略軍の隷下にあったサイバー軍を機能別統合軍に格上げした。

さらに、前述の通り、米国は２０１９年8月に第4の作戦空間を司る宇宙コマンドを、地域別統合軍として創設するとともに、同年12月には6番目の軍種として空軍省内に宇宙軍を創設したのである。

米国の統合軍の構成

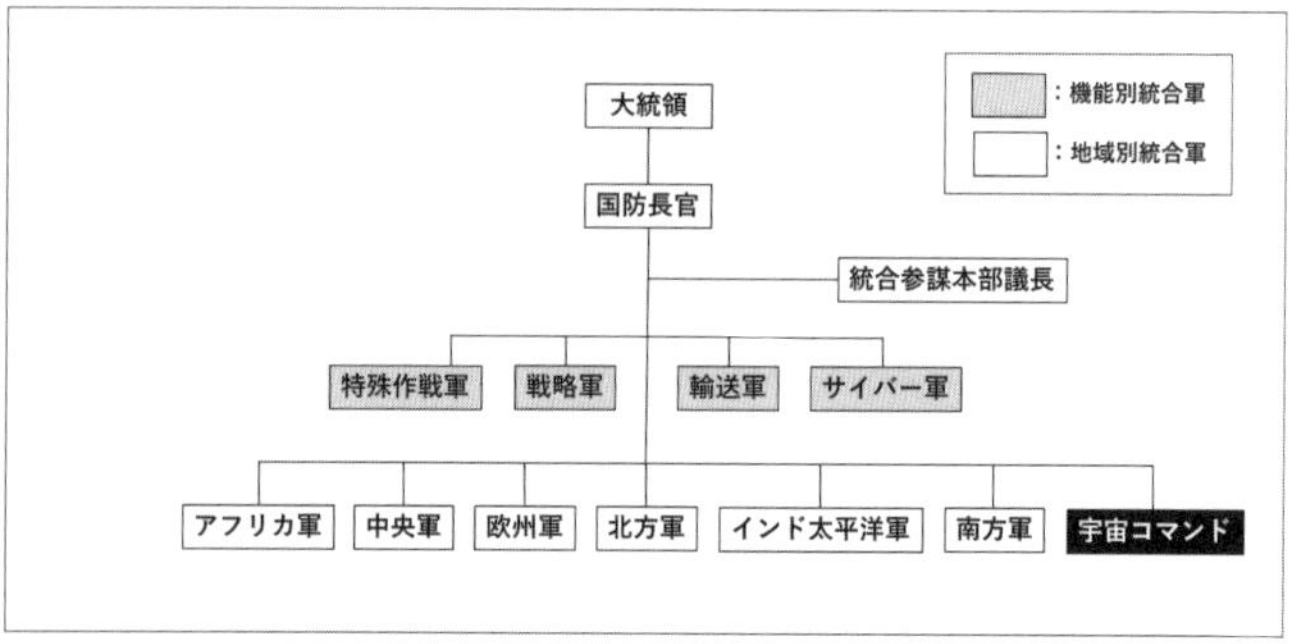

〈出典〉令和４年版『防衛白書』を基に一部筆者補正

米軍の統合軍の構成は、上図の通りである。

（２）宇宙コマンド（ＵＳＳＰＡＣＥＣＯＭ）と宇宙軍（ＵＳＳＦ）の関係

７番目の地域別統合軍として創設された宇宙コマンド（ＵＳＳＰＡＣＥＣＯＭ）は、統合戦闘軍（unified combatant command）として宇宙空間に係わる戦闘を行う組織である。

一方、六つ目の軍種となった宇宙軍（ＵＳＳＦ）は、宇宙戦力を編制し、訓練し、装備を整える（ＯＴＥ）組織である。こうして、各軍種はフォース・プロバイダー（force provider）とも呼ばれ、所望の戦力を統合戦闘軍に提供する。統合戦闘軍はフォース・ユーザー（force user）とも呼ばれ、提供された戦力を用いて戦闘任務を遂行する。

つまり、ＵＳＳＦはフォース・プロバイダーとして、統合戦闘軍であるＵＳＳＰＡＣＥＣＯＭに宇宙戦力を提供し、戦力を提供されたＵＳＳＰＡＣＥＣＯＭはフォース・ユー

米国防省の主要組織図

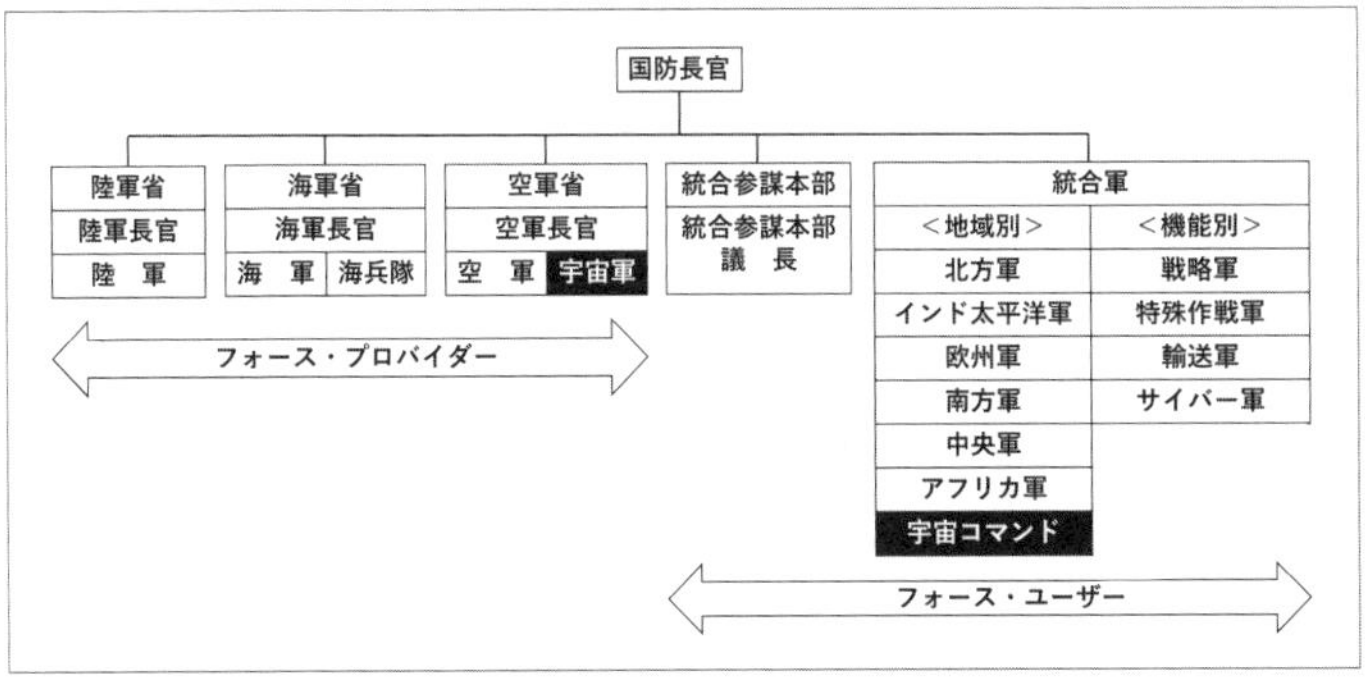

〈出典〉令和２年版『防衛白書』「〈解説〉宇宙軍の創設」を参考に筆者作成

ザーとして、その戦力を用いて宇宙作戦を遂行するという相関関係にある。

この際、USSPACECOMが用いる宇宙戦力はUSSFのみから提供されるわけではない。他の軍種も引き続き宇宙戦力を有しているため、各軍種から提供される戦力を用いながらUSSPACECOMは作戦を展開することになる。

USSPACECOMの任務は、前掲の通りである。隷下の戦闘部隊は、陸軍宇宙ミサイル防衛コマンド（ARMY SPACE & MISSLE DEFENSE COMMAND）、海兵隊宇宙コマンド（MARINE CORPS FORCES SPACE COMMAND）、海軍宇宙コマンド（NAVY SPACE COMMAND）、第1空軍（1ST AIR FORCE）、米国宇宙軍宇宙作戦コマンド（U.S. SPACE FORCE SPACE OPERATIONS COMMMND）、合同任務部隊－宇宙防衛（JOINT TASK FORCE-SPACE DEFENSE）および連合軍宇宙コンポーネントコマンド（COMBINED FORCE SPACE

COMPONENT COMMAND）の七つの部隊から構成されている。

ＵＳＳＰＡＣＥＣＯＭは、コロラド州コロラドスプリングスに暫定的な司令部を置き、コロラド州ピーターソン宇宙コマンド基地、コロラド州シュリーバー宇宙コマンド基地、ネブラスカ州オファット空軍基地及びカリフォルニアのヴァンデンバーグ宇宙コマンド基地に人員と部隊機能を配置している。

なお、ＵＳＳＰＡＣＥＣＯＭのコロラド州コロラドスプリングスにある司令部が「暫定的」とされたのは、トランプ前大統領が２０２０年の大統領選挙結果（コロラド州：敗北、アラバマ州：勝利）を踏まえた政治的理由によって同司令部をアラバマ州ハンツビルに移転するよう２０２１年１月11日に決定したことによる。しかし、バイデン大統領は２０２３年8月はじめ、トランプ前大統領の決定を覆し、軍の意向を尊重して、従来通り、同司令部をコロラド州コロラドスプリングスに残留させる決定を下した。

他方、ＵＳＳＦ司令部と司令官オフィスは、陸軍、海軍、海兵隊、空軍と同じようにペンタゴン（国防省）にあり、編制、訓練および装備の責任の全範囲を実行する準備を行っている。また、空軍と協力して、ＵＳＳＰＡＣＥＣＯＭに部隊を移管するための詳細な計画を策定している。ＵＳＳＦは、コストを大幅に削減し、業務の重複を避けるため、その実施機能の75％以上を空軍に依存する。空軍省は、兵站、基地運営支援、ＩＴ支援、監査機関などを含む支援機能を提供している。

隷下部隊には、コロラド州バックリー宇宙軍基地・宇宙基地デルタ１・シュリーバー宇宙軍基地、カリフォルニア州ロサンゼルス空軍基地・ヴァンデンバーグ宇宙軍基地、フロリダ州パトリック宇宙軍基地（宇宙打ち上げデルタ45）がある。

なお、ＵＳＳＦは２０２２年11月、米インド太平洋宇宙軍（USSPACEFOR-INDOPAC）を発足させ、インド太平洋軍司令部および米太平洋空軍の既存の航空作戦センターとの相乗効果を最大化するために、ハワイの真珠湾ヒッカム共同基地に司令部を置いている。

また、在韓米軍は２０２２年12月、北朝鮮の核とミサイルの脅威に対抗するため、米第７空軍が拠点としている平沢市の烏山米空軍基地に宇宙軍（在韓米宇宙軍）を創設した。米宇宙軍による２番目の海外宇宙部隊で、ミサイルの監視、探知、追跡を行うとともに、軍全体の宇宙戦力を強化することを任務とする。韓国空軍も同月、独自の宇宙部隊を立ち上げた。

さらに、米宇宙軍は、日本に宇宙領域を担う新たな部隊「在日米宇宙軍」（仮称）を創設する方向で日本側と調整し準備を進めている。

このように、同軍は、中国や北朝鮮の脅威が増すインド太平洋地域で部隊を拡充しており、特に、宇宙領域における中国の覇権確立を阻止するとともに、有事の際に米軍の作戦行動を拒止する中国の「接近阻止・領域拒否（Ａ２／ＡＤ）」戦略への対抗を宇宙から取組む体制の強化を図っている。

3　宇宙戦の主要手段・兵器システムとその能力

世界関与戦略および前方展開戦略を採る米国の軍事活動は、さまざまな衛星に大きく依存している。米国は、世界初の偵察衛星、月面着陸など、軍事、科学、資源探査など多種多様な宇宙活動を発展させ続け、その中で、これまでに数千機の軍事衛星を打ち上げたと見られる。

ハーバード・スミソニアン天体物理学センターの天文学者兼天体物理学者であるジョナサン・マクダウェル（Jonathan McDowell）博士の『「２０２２年の宇宙活動」報告書（"Space Activities in 2022" report）』等によると、米国は２０２２年に78回の衛星打ち上げを試み、72回が成功した。そのうち、軍事衛星は30機で、２０２０年現在、運用されている軍事衛星は１２８機であるとされる。

このように、米軍の行動においては宇宙空間の重要性が強く認識されており、軍事衛星システムは、米軍の能力を最大限発揮するために必要不可欠で、多面的かつ積極的に利用されている。

米軍は、早期警戒、指揮通信、測位、偵察、気象などの機能を有する各種衛星の能力強化や機数増加に努め、世界中に展開する米軍の多くの作戦分野でその活動を支援している。

■宇宙支援（space support）

米軍は、軍事衛星技術の最近の進歩を踏まえ、衛星通信、情報収集、画像処理能力を最新化し、先進高度超短波（ＡＥＨＦ）衛星や宇宙ベースの宇宙監視（ＳＢＳＳ）衛星、アップグレードされたＧＰＳ衛星など、新しく改良された衛星を打ち上げている。

２０２１年12月には、ミサイル防衛庁（ＭＤＡ）が、宇宙状況監視能力を有する新型ミサイル防衛用レーダー「長距離識別レーダー（ＬＲＤＲ）」をアラスカ州に設置したと公表した。

さらに、米宇宙開発庁では、数百機以上の安価な小型衛星を打ち上げて、通信・測位・偵察・宇宙状況監視・ミサイル追尾などを行う「国防宇宙アーキテクチャー（ＮＤＳＡ）」計画が進展している。

■戦力強化（force enhancement）

例えば、宇宙配備型赤外線システム（ＳＢＩＲＳ）は弾道ミサイルの発射を早期に警告して迅速な防御措置を、また、全地球測位システム（ＧＰＳ）は世界中の軍事および民間ユーザーに正確な位置、航法（ナビゲーション）およびタイミングデータを提供する周回衛星群であり、状況認識の向上と兵器の正確な照準を、それぞれ可能にしている。中でも、ＧＰＳは、24個の衛星で構成され、米軍の軍事活動にとって最も重要なツールの一つである。

また、防衛衛星通信システム（ＤＳＣＳ）コンステレーションは、競合する環境を通じて世界中のユーザーに長距離通信を提供している。防衛支援プログラム（ＤＳＰ）は、北米の早期警戒システムの重要な部分を占め、ＤＳＰ衛星は、２万２３００マイルの静止軌道上で、ミサイル発射、宇宙発射、核爆発を検出することで、米国とその同盟国の防衛に貢献している。

前述のＡＥＨＦ衛星は、世界中の米軍に安全な高速通信を提供するとともに、この衛星には核爆発検出システムも搭載されており、核活動をほぼリアルタイムで検出および監視できる。また、ＳＢＳＳ衛星は、24時間年中無休で稼働し、地上ベースシステムを制限する可能性がある天候、時間帯、大気の影響を受けることなく、人工衛星などの測定データと宇宙物体識別データを収集でき、米宇宙軍は様々な地球規模の宇宙システムを運用している。

　米国の軍事衛星システムは、世界中に展開する米軍の作戦に不可欠であり、同時に、同盟国・友好国の安全を確保する上でも大きく貢献している。

　Forbes JAPAN（2023.9.28付）によると、米宇宙軍は、スペースＸやViasat Inc.など複数の民間宇宙企業と契約し、宇宙戦力の強化を進めている。

　例えば、イーロン・マスク氏率いるスペースＸは２０２２年12月、同社のスターリンク（Ｓｔａｒｌｉｎｋ）サービスの軍事向けバリエーションの１つとして、政府機関に堅牢な衛星ネットワークを提供する「スターシールド（Starshield）」を発表した。それを受け、米宇宙軍は、スターシールドを利用してカスタマイズされた衛星通信を軍に提供する契約を結んだ。スターシールドは、民間向け衛星インターネットサービスであるスターリンクによく似た小規模バージョンで、宇宙軍による「衛星通信およびその他の軍事システムにさらなる回復力を与える」ことを目標としている。

　このように、米軍は、継続的かつ意欲的に衛星技術への投資と開発を行うとともに、民間活力を積極的に利用しており、世界の最先端を走り続けることは間違いない。最新世代の衛星により、米軍は技術的優位性を維持して戦力強化を図り、宇宙優勢を確保することに注力しており、正に世界最強の宇宙軍事大国といえよう。

■宇宙コントロール（space control）

米国は、宇宙アセットに対する攻撃能力は非対称的な優位性をもたらすと考え、様々な対衛星兵器（ＡＳＡＴ）を追求している中国やロシアなど敵対的な国の存在を指摘するとともに、中露両国を最も深刻で差し迫った脅威であると指摘している。

２０１８年に公表した「国家宇宙戦略（ＮＳｆＳ）」では、敵対者が宇宙を戦闘領域に変えたとの認識を示したうえで、宇宙空間における米国及び同盟国の利益を守るため、脅威を抑止し撃退していくと表明した。そして、２０２０年に発出した「国防宇宙戦略（ＤＳＳ）」において、宇宙領域における優位性の確保、国家的な運用や統合・連合作戦を宇宙能力で支援すること、そして宇宙領域の安定性確保の3点を目標としている。

また、ＤＳＳ２０２０において、「今や宇宙は、明確な戦闘領域である」との認識を改めて示し、これらのリスクに効果的に対処し、宇宙安全保障・防衛の確保のための能力獲得を進めるとしている。

米国は、すでに１９５０年代の後半に軌道上の衛星を攻撃する初の実証実験を行ったと伝えられている。また、米軍は、２００８年に米海軍イージス艦が制御不能な衛星をＳＭ３によって大気圏外での撃墜に成功したことやレーザー兵器の開発、電子戦能力の強化などに見られるように、中露と同様、各種の対衛星攻撃能力の研究開発を進めているのは間違いない。

■宇宙戦力の応用（space force application）

東西冷戦期にソ連と激しい宇宙開発競争を繰り広げた米国は、「アポロ計画」から約半世紀を経た今、「アルテミス計画」を打ち立てて、月に向けて再び動きだした。

本計画は、冷戦期のソ連への対抗意識から、21世紀に入って月探査を本格化させ、習近平国家主席の「宇宙強国」の号令の下、難易度が高い月の裏側への無人探査機着陸にも世界で初めて成功した中国へと、戦略対象が変化したことが強く反映されている。

中国の狙いは、国家戦略「中国製造２０２５」の一環として、資源開発を名目に月面基地を造り、軍事的に拡張して、宇宙制覇の根拠地にすることにあると見られている。

第1章で述べたとおり、宇宙条約は、宇宙空間における「侵略的目的」、月その他の天体における「軍事的目的」の利用をそれぞれ禁止している。

米国の２０２２年「国家安全保障戦略」は、中国を「国際秩序をつくり変える意図を持ち、その目標を推進する経済力、外交力、軍事力、技術力を強めている唯一の競争相手」と位置付けている。中国による月面基地を設置して宇宙制覇を握ろうとする試みは、現行の国際秩序への危険な挑戦であると同時に、月面基地から宇宙空間、あるいは同基地から地上への戦力投射の可能性は、米国を始め同盟国・友好国の安全保障・防衛を困難に陥れる恐れが極めて大であるとの米国の懸念を弥が上にも増大させている。
そのため、米国は、「アルテミス計画」などを通じて、中国の月面基地設置を阻止するとともに、その軍事利用への対抗措置の具体化が今後の大きな課題となろう。

第2節　米国に「追い付き追い越せ」を目標に「宇宙強国」の建設に邁進する中国の「宇宙戦」

1　宇宙戦の位置付けと取組み

(1)　宇宙戦の位置付け

中国は、対米「接近阻止・領域拒否（A2／AD）」戦略のための能力強化を主眼に、過去30年以上にわたり広範かつ急速に軍事力を強化し、尖閣諸島を焦点とした日本の南西地域、台湾及び南シナ海において力による一方的な現状変更やその試みを続けている。特に、台湾をめぐっては、その統一に武力行使も辞さないことを公言してはばからず、地域の緊張を急激に高めている。

中国は、軍事力の造成に当たり、核・ミサイル戦力や海上・航空戦力を中心に、その質・量を広範かつ急速に強化している。その際、軍全体の作戦遂行能力を向上させるとともに、全般的な能力において優勢にある米国の戦力発揮を効果的に阻害する非対称的な能力を整備・向上させる目的も加味して、情報優越を獲得するための能力強化を重視しているとみられる。

　中国は、２０１６年7月に公表された情報化による発展のための国家戦略である「国家情報化発展戦略綱要」（中国共産党中央弁公庁、国務院弁公庁）などで表明しているように、経済や社会発展のみならず、軍事的側面においても情報化時代の到来が戦争の本質を「情報化戦争」へと導いていると見做している。そのように、中国は、将来における総合的な国力の造成とそれを基盤とした戦争を成功裏に遂行する能力の骨幹に「情報」を据えている。

　さらに中国は、２０１９年7月に公表した国防白書「新時代における中国の国防」で、世界の軍事動向について「インテリジェント化（智能化）戦争が初めて姿を現している」としており、今後、中国軍による宇宙戦能力などへの人工知能（ＡＩ）の活用などに関する取組みが注目される。

　そのため、敵の通信ネットワークの混乱などを可能にするサイバー領域や、敵のレーダーなどを無効化して戦力発揮を妨げることを可能とする電磁波領域における能力を急速に発展させるとともに、敵の宇宙利用を制限することを可能にする能力の強化も継続するなど、新たな領域における優勢の確保を重視してきている。このような能力の強化は、「Ａ２／ＡＤ」能力の強化や、より遠方での作戦遂行能力の構築につながるものである。

　なかでも中国の宇宙プログラムは、世界で最も短期間で発達したといわれている。中国は、１９５０年代から宇宙開発を推進し、１９６６年に初の核ミサイル実験に成功した。

特に近年、注目されているのは、２００７年の衛星破壊（ＡＳＡＴ）実験のほか、２０１４年７月などにも破壊を伴わない対衛星ミサイルの実験を行った。さらに、前述の通り、２０１９年１月には無人探査機「嫦《じょう》娥《が》４号」を世界で初めて月の裏側に着陸させ、２０２０年９月に衛星打ち上げロケット「長征11号」を黄海上の船舶から打ち上げに成功した。２０２１年４月には、中国宇宙ステーション「ＣＳＳ」のコアモジュール「天和」を打ち上げ、２０２２年11月には有人宇宙船「神舟15号」と「天和」のドッキングを成功させ、宇宙有人ステーション「天宮」を完成させるなど、宇宙活動を急速に活発化させている。

中国は従来、宇宙に関し国際協力や平和利用を強調しているものの、宇宙空間の軍事利用を否定しておらず、人工衛星による情報収集、通信、測位など軍事目的での宇宙利用を積極的に推進し、「宇宙強国の建設」を掲げその実現に邁進している。

例えば、衛星測位システム「北斗」は航空機や艦船の航法やミサイルなどの誘導用として、また２０２１年に電磁環境探査などの目的で複数回打ち上げた「遥感」システムは電子偵察用として、それぞれ軍事利用の可能性が指摘されている。

「長征」シリーズなどの運搬ロケットについては、中国国有企業が開発・生産を行っているが、同企業は弾道ミサイルの開発、生産なども行っているとされ、運搬ロケットの開発は弾道ミサイルの開発にも応用が可能とみられる。

対衛星兵器（ＡＳＡＴ）については、前掲のほか、衛星攻撃衛星や電波妨害装置（ジャマー）、レーザー光線などの指向性エネルギー兵器も開発しているとも指摘されている。

後述するように、中国の宇宙戦の位置付けは、中央軍事委員会の指揮統制の下、「軍改革」で新たに創設された戦略支援部隊が、国家戦略に基づき、宇宙戦、コンピュータ・ネットワーク（サイバー）戦および電子戦を一元的に運用する所に大きな特徴がある。

また、中国は、宇宙戦能力を、米国の戦力発揮を効果的に阻害する非対称戦と位置付ける一方、「宇宙強国の建設」を旗印とした「Ａ２／ＡＤ」能力の強化に見られるように、米国に「追い付き追い越せ」を目標としている。

そのため、技術開発などの様々な分野において軍事資源と民間資源の双方向からの結合を目指す「軍民融合」発展戦略の下、軍官民が密接に協力しながら、今後も一段と宇宙開発に注力していくものとみられる。

今や宇宙大国の一つとなったとされる中国は、将来的には、米国の宇宙における優位を脅かす恐れがあると指摘されるまでに強大化している。

（2）宇宙戦への取組み：宇宙政策・戦略

ア　宇宙政策・戦略

中国は２０１５年、国家戦略「中国製造 ２０２５」を発表し、その中で２０２５年までにハイテク製品のキー・パーツ（主として半導体）の自給率70％を目指すとし、併せて「有人宇宙飛行、独自の宇宙ステーションの建設、月・火星などの深宇宙探査プロジェクト等により、宇宙科学技術開発を強力に推進し、宇宙強国を目指す」と宣言した。

２０１６年12月に公表した宇宙白書「中国の宇宙 ２０１６」では、「宇宙強国の建設」や「中国の夢の実現」といった方針が示され、２０２０年ごろまでに月探査機、火星探査機、小惑星探査機、木星探査機などの打ち上げを行なう計画を提示した。

前掲の２０１９年国防白書において、宇宙は国際的戦略競争の要点であり、宇宙の安全は国家の建設及び社会の発展の戦略的保障であると主張している。

また、中国は、２０２１年３月に全人代で採択された「第14次５か年計画及び２０３５年までの長期目標の綱要」において航空宇宙分野の発展を加速する方針を明らかにしたほか、２０２２年１月に発表された「中国の宇宙」白書において「宇宙強国の建設」を改めて強調し、宇宙事業を発展させるとしている。

中国は、軍近代化の水準と国家の安全保障に必要な水準との間、及び中国軍と世界の先進的な軍の水準との間には未だ大きな格差があるとの認識を示している。中国は、「世界一流の軍隊」とは何を意味するかを定義していないが、米軍と同等か、場合によってはそれを上回る軍事力を開発しようとしている可能性が指摘されている。さらに、中国は先端技術を習得し、「イノベーション大国」になることで、前述の「智能化戦争」を可能にする「世界一流の軍隊」の建設を目指していることも指摘されている。

これらを踏まえると、中国は、米軍との軍事力格差のオフセットを企図し、そのためには軍隊の「智能化」が必要条件であると認識している可能性が示唆され、将来的に「智能化戦争」で米軍に「戦える、勝てる」軍隊の建設を目指していくものと考えられる。

その中の優先的重視事項の一つが宇宙であり、国力の向上に加え、習総書記の中国共産党における権力基盤の強化や中央軍事委員会主席としての権力のより一層の掌握を背景に、宇宙戦能力の強化の動きは今後さらに加速するものと見込まれる。

イ　軍事の「智能化」と宇宙

中国が提唱する「智能化戦争」は「ＩｏＴ情報システムに基づき、智能化された武器・装備とそれに応じた作戦方法を用いて、陸、海、空、宇宙、電磁、サイバー及び認知領域において展開する一体化した戦争」といわれており、「認知領域」も将来の戦闘様相において重要になってくる可能性がある。

米国防省は、「智能化戦争」の戦闘様相について、中国軍の戦略家の考えを引用しながら、新技術によって将来戦闘の速度とテンポが上昇するとともに、戦場での不確実性を低減して情報処理の速度と質を向上させ、潜在的な敵に対する意思決定の優位性を提供するためには、ＡＩの運用化が必要であることを指摘している。また、中国軍は智能化された戦争のための次世代の作戦構想を模索しており、智能化されたスウォームによる消耗戦、ＡＩをベースにした宇宙での対立、認知コントロールオペレーションなどがその例にあげられている。

さらに、中国軍は、無人システムを重要な智能化技術と考えており、有人・無人のハイブリッドフォーメーション、スウォーム攻撃、最適化された兵站支援、分散された情報収集・警戒監視・偵察（ISR）活動などを可能にするために、無人の陸・海・空のアセットの自律性を高めることを追求していると指摘している。

2　宇宙戦の組織・体制

（1）全般

中国では、国家航天局（CNSA）が対外的に政府を代表（有人除く）し、民事・商用宇宙分野の行政管理を統括している。その統括の下、国有企業（実施組織）である中国航天科技集団公司（CASC）と中国航天科工集団公司（CASIC）並びに科学研究に従事する国務院直属事業体である中国科学院（CAS）と科学技術部（MOST）が宇宙開発事業に関与していると見られる。

なお、中国の人工衛星などの打ち上げに係わる宇宙発射基地は、次々頁の4か所である。

他方、中国の武装力は、人民解放軍、人民武装警察部隊（武警）と民兵から構成され、中央軍事委員会の指導及び指揮を受けるものとされている。人民解放軍は、陸・海・空軍、ロケット軍、戦略支援部隊、聯勤《れんきん》保障部隊などからなり、中国共産党が創建、指導する人民軍隊とされている。

なお、武警は主にパトロール、突発事態対処、対テロ、海上における権益擁護・法執行、緊急救援、防衛作戦などに従事するものとされ、民兵は平時においては経済建設などに従事しつつ、有事には戦時後方支援任務を負うものとされる。

近年、軍事分野での情報収集、指揮通信などが、人工衛星やコンピュータ・ネットワークへの依存を高めている中、中国は、「宇宙空間及びネットワーク空間は各方面の戦略的競争の新たな要害の高地（攻略ポイント）」であると表明し、紛争時に自身の情報システムやネットワークなどを防護する一方、敵の情報システムやネットワークなどを無力化し、情報優勢を獲得することが重要であると認識しているようである。

このような情勢や認識を背景に、習主席は２０１５年11月、軍改革の具体的方向性について初めて公式の立場を表明し、以来、２０２０年までを目標に建国以来最大規模とも評される「軍改革」に取組んできた。

その中の注目点の一つが、２０１５年12月に設立された、宇宙戦やサイバー戦、電子戦などを統括して各戦区を支援することを任務とする「戦略支援部隊」である。

中国の宇宙開発体制

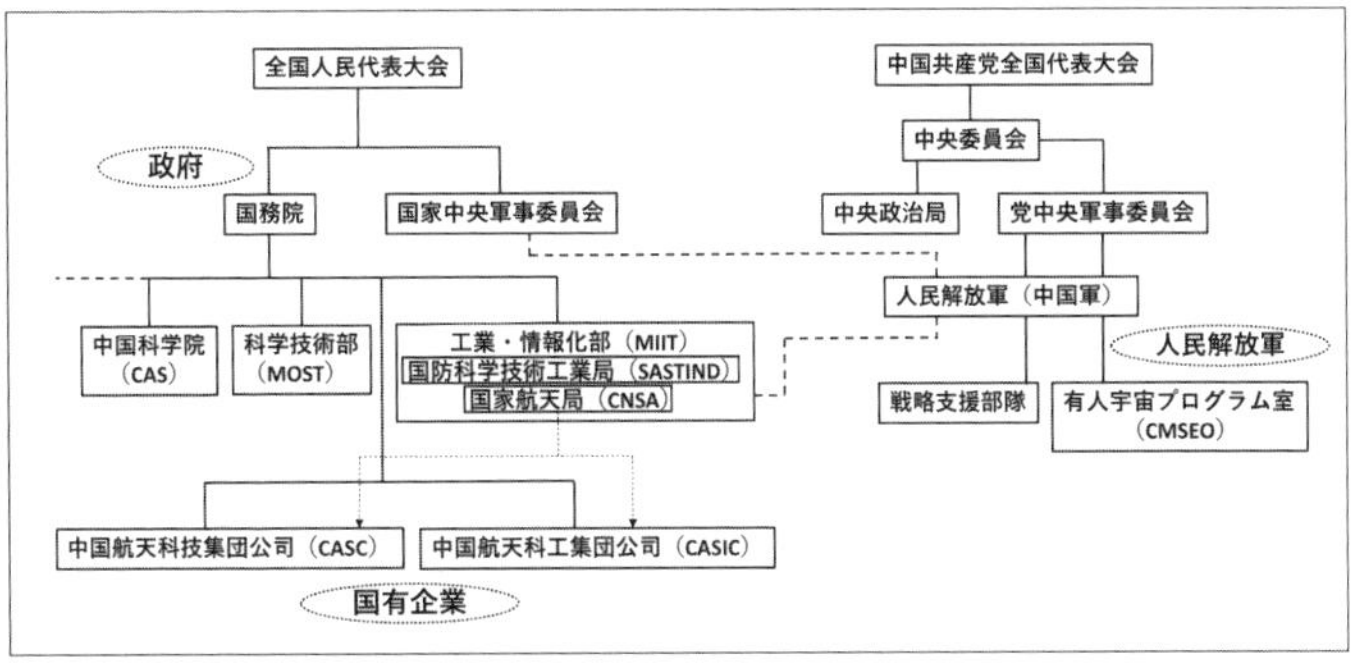

〈出典〉内閣府宇宙戦略室「海外主要国の宇宙政策及び宇宙開発利用の動向」（平成25年３月）を参考に筆者作成

中国の宇宙発射基地

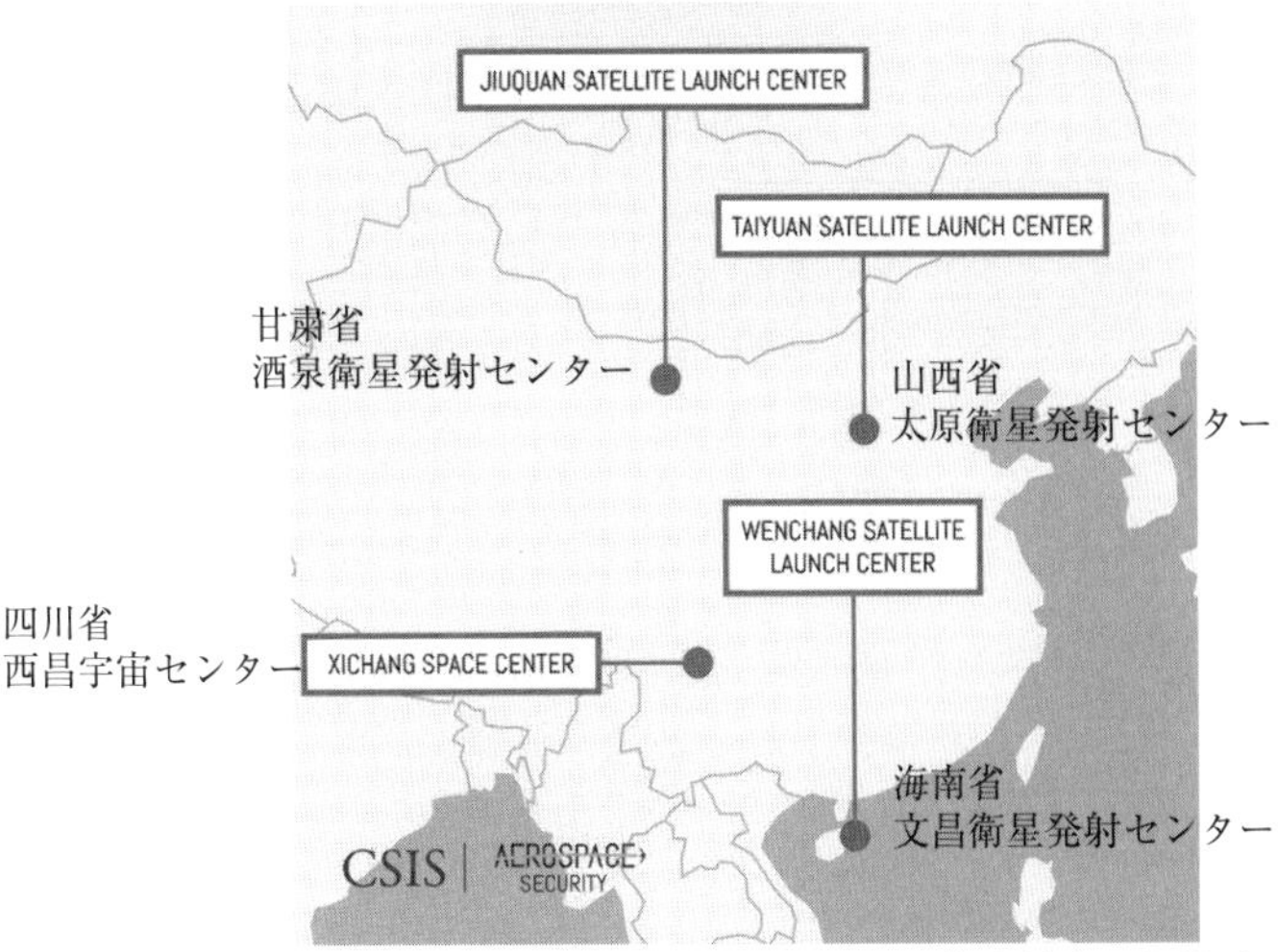

〈出典〉CSIS, “SPACE THREAT ASSESSMENT 2022” を筆者一部補正

人民解放軍の組織図（2015～16年の軍改革）

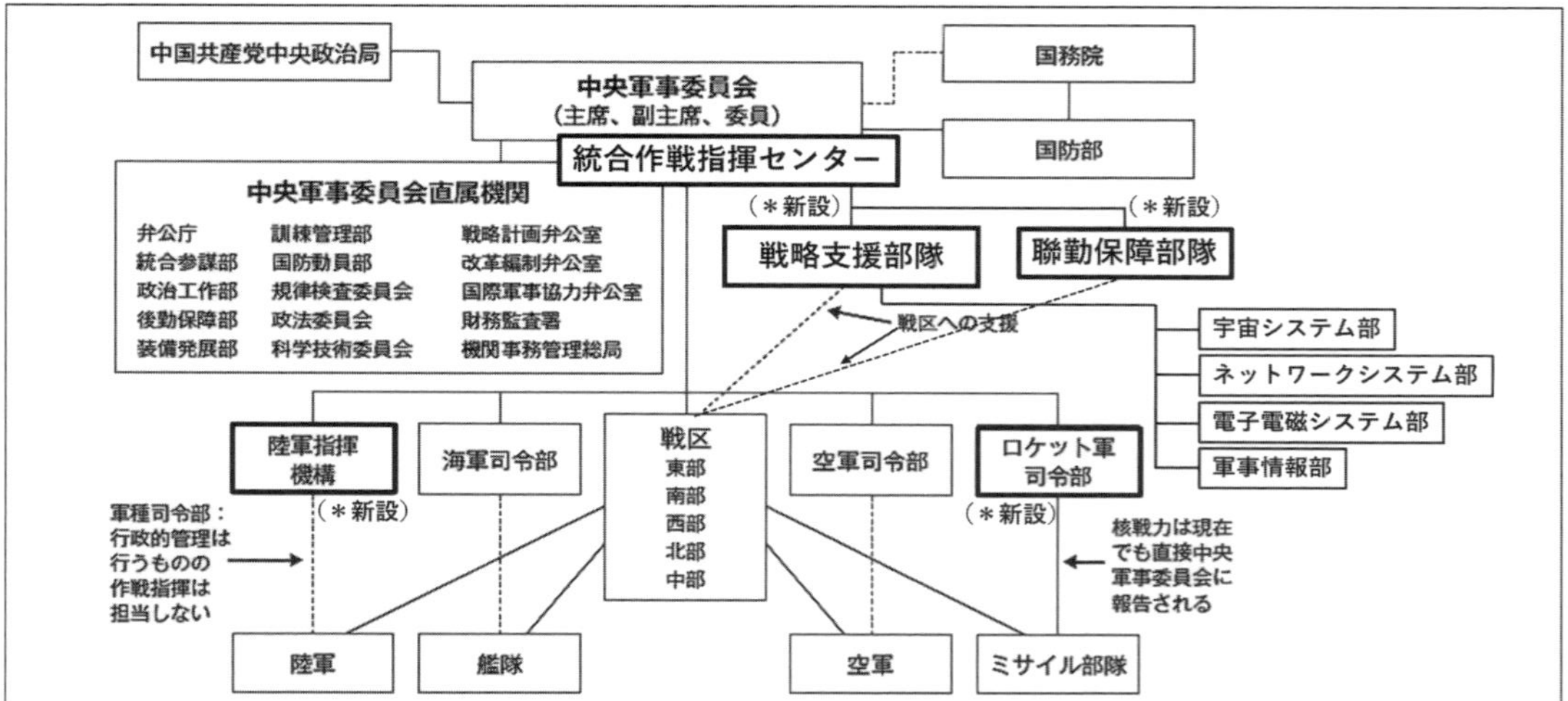

＊Phillip C. Saunders and Joel Wuthnow, "China's Goldwater-Nichols?―Assessing PLA Organizational Reforms", *Strategic Forum*, No.294, April 2016, p. 3 より作成。

〈出典〉杉浦康之「中国人民解放軍の統合作戦体制」（防衛研究所紀要第19巻第１号、2016年12月）を一部筆者補正

（2）戦略支援部隊

戦略支援部隊は、従来、総参謀部が持っていた多くの作戦支援部門の機能を統合して編成されたもので、宇宙戦を担当する宇宙システム部、サイバー戦を担当するネットワークシステム（サイバー）部、電子戦を担当する電子電磁システム部および文字通りの軍事情報部から構成されているとみられ、情報の戦いを一元的に遂行できる機能を保持しているようである。

戦略支援部隊は、中央軍事委員会（統合作戦指揮センター）の直下に組織され、地域別統合作戦指揮機構である5個の戦区を支援する形になっている。つまり、戦略支援部隊は、中央軍事委員会（統合作戦指揮センター）の指導指揮を受け、戦区とは上下の指揮関係にはないが、情報化戦争／智能化戦争の機能をもって戦区が行う統合作戦と情報戦を支援し、その作戦能力を強化する重要な役割を果たすものとみられる。

戦略支援部隊の性格は、その名称が示す通り、いわゆる「兵種（職種）」でも又「軍種」でもなく、その中間的位置付けにあって、直接中央軍事委員会の指導指揮を受ける「戦略部隊」である。また、直接自ら作戦を行う部隊ではなく、あくまで作戦を支援する部隊であり、その支援は戦略（国家）レベルであり、作戦（軍区）および戦術（部隊）レベルではないところに特色がある。

同部隊の任務や組織の細部は公表されていないものの、全軍に対する情報支援を目的として宇宙戦・サイバー（コンピュータ・ネットワーク）戦・電子戦に関する任務が一元的に与えられており、その中の「宇宙システム部」がロケットの打ち上げ、衛星の追跡・制御、宇宙遠隔計測（テレメトリ）、戦略情報支援、対宇宙（敵の衛星の破壊等）など、中国軍の宇宙戦のほぼ全ての機能を統括していると見られている。

また、中央軍事委員会（装備発展部）から直接、指導指揮を受ける中国有人宇宙プログラム室（ＣＭＳＥＯ）が有人宇宙計画（宇宙船の開発や宇宙飛行士の活動を含む）などを担当していると見られる。

このように中国は、戦略（国家）レベルにおいて、戦略支援部隊という宇宙戦などを担う情報化戦争／智能化戦争の専門部隊を創設し、その体制を強化している。

また、前述の通り、中国の宇宙利用に関わる行政組織や国有企業は、中国軍と密接な協力関係にあると指摘されており、これらを通じて中国は、宇宙における軍事的能力の向上を推進していると考えられている。

3　宇宙戦の主要手段・兵器システムとその能力

中国は、「Ａ２／ＡＤ」戦略や「一帯一路」構想を掲げ、その戦略的進展がインド太平洋地域からグローバルに拡大する中で、軍の統合作戦が進化し、情報化戦争あるいは智能化戦争を追求するにともない、また、地上ベースの支援基盤がある中国領土からますます遠く離れて行動するにつれて、宇宙ベースの各種支援システムへの依存度を高めており、宇宙戦能力の重要性が一段と増大している。

そのため、中国は、次頁に示す色々な機能を持つ人工衛星を打ち上げるとともに、紛争時に敵の宇宙利用を制限・妨害するため、ミサイルやレーザーを用いた対衛星兵器、そしてキラー衛星などの開発を進め、「宇宙強国の建設」に注力している。

■宇宙支援（space support）

中国は、官軍民が密接に協力し、「長征」シリーズなどの衛星打ち上げロケットを用いて情報収集、通信、測位、地球観測など軍事目的の各種人工衛星を打ち上げている。

さらに、２０１９年1月、無人探査機「嫦娥4号」を世界で初めて月の裏側に着陸させ、月面基地の建設に着手した。２０２１年4月に、中国宇宙ステーション（ＣＳＳ）のコアモジュール「天和」の打ち上げを行い、２０２２年11月には有人宇宙船「神舟15号」と「天和」のドッキングを成功させ、宇宙有人ステーション「天宮」を完成させた。

中国版衛星測位システム（ＧＰＳ）「北斗」は航空機や艦船の航法やミサイルなどの誘導用として、また２０２１年に電磁環境探査などの目的で複数回打ち上げられた「遥感」システムは電子偵察用として、それぞれ軍事利用の可能性が指摘されている。

前掲の「『２０２２年の宇宙活動』報告書」によると、中国は２０２２年に64回の衛星打ち上げ

宇宙戦力（space forces）の構成要素・任務と中国の宇宙戦略

構成要素・任務	細　項	中国の宇宙戦略	備　考
宇宙支援 (space support)	人工衛星の打ち上げ 軌道上のシステムの日常的管理 人工衛星（＊）の新たな補	・「長征」シリーズなど運搬ロケットの開発 ・情報収集、通信、測位など各種人工衛星の打ち上げ ・中国宇宙ステーション（CSS）の建設 ・月面基地の建設	中国版GPS：グローバル衛星測位システム「北斗」、地球観測衛星などの打ち上げ ＊故障、寿命切れなどの
戦力強化 (force enhancement)	ミサイル偵察監視システム	・地球観測衛星 ・超大型プラットフォーム衛星 ・「遥感」システム（電子偵察用）	通信・高軌道リモートセンシング・宇宙探査用
	衛星通信	・超大型プラットフォーム衛星 ・高速ブロードバンド衛星→５Ｇへ ・通信衛星コンステレーション計画	・高速大容量通信の提供
	ナビゲーション	・測位衛星航法システム「北斗」の運用 ・海上偵察監視センサー・ネットワークの構築	・中国版GPS, 2020年までに35基→宇宙回廊／一帯一路 ・対艦弾道ミサイル発射諸元用リモート・センシング衛星
	地球観測	・地球観測衛星	
宇宙コントロール (space control)	対宇宙作戦 宇宙優勢（space superiority）	・レーザー光線などの指向性エネルギー兵器、対衛星兵器（ASAT）、衛星と地上局間通信の電波妨害装置（ジャッマー）の開発 ・中国宇宙ステーション(CSS)の建設 ・月面基地の建設 ・通信衛星コンステレーション計画	・2007年衛星破壊実験 ・衛星破壊用ミサイル、衛星攻撃（キラー）衛星
宇宙戦力の応用 (space force application)	宇宙空間からの／同空間を経由した対地攻撃（戦力投射）	・中国宇宙ステーション(CSS)の建設 ・通信衛星コンステレーション計画	

〈出典〉構成要素・任務は、ベンジャミン・ランベス（米ランド研究所、エアーパワーの理論家）の区分による。細項等は、令和４年版等『防衛白書』及びディーン・チェン著『中国の情報化戦争（CYBER DRAGON）』から引用・一部筆者補正

を試み、62機が軌道に乗った。そのうち、軍事衛星は45機であるとされ、米宇宙軍サルツマン宇宙作戦部長は２０２３年３月14日、上院軍事委員会の戦略軍小委員会の公聴会向けの書面で、中国が３４７基の情報収集・監視・偵察（ＩＳＲ）用の衛星を運用していると明らかにした。

２０２２年のロシアの衛星打ち上げは21機で、そのうち軍用は15機とされており、中国はロシアに代わって第２の宇宙大国になりつつある。また、２０２２年の軍事衛星打ち上げ数では米国（30機）を凌駕しており、米国に「追いつき、追い越せ」の動きを強めている。そのうえ、中国の場合、軍民双方で利用可能な衛星を開発・運用していると見られ、また、政府の秘密主義のため、中国の軍事衛星の数を正確に把握するのは難しいという点に注意すべきであろう。

■戦力強化（force enhancement）

中国は、前記の人工衛星や宇宙ステーションなどの宇宙システムをベースとし、ミサイル監視システムや衛星通信、航法（ナビゲーション）、地球観測などの衛星機能を活用して地上の軍事システムの有効性を相乗的に強化しようとしている。

ミサイル監視システムは、地球観測衛星、超大型プラットフォーム衛星、そして通信・高軌道リモートセンシング・宇宙探査用衛星によって構成されている。

衛星通信は、超大型プラットフォーム衛星と高速ブロードバンド衛星によって構成され、高速ブロードバンド衛星の５Ｇ化によって高速大容量通信を可能にしている。

航法（ナビゲーション）については、「北斗」の運用を中心に、海上偵察監視センサー・ネットワークが構築されている。また、対艦弾道ミサイル発射諸元用リモートセンシング衛星を展開している。

なお、米国のＧＰＳに対抗する形で開発された「北斗」は、２０２０年までに55基の衛星打ち上げに成功し、世界での正式な運用が始まった。「北斗」は、「一帯一路」構想が目指す沿線国との宇宙情報回廊の構築にも寄与しており、現在、その利用について中国政府は、「すでに世界の半数以上の国が、製品や技術を利用している」と主張している。

中国の公式の発表では、定位精度は北米や欧州、アフリカなどでは５ｍ、アジアでは２・５〜３・０ｍで、「完全に（米国の）ＧＰＳに匹敵し、部分的には超越している」（括弧は筆者）という。２０２０年10月には「北斗定位２・０版」へのバージョンアップで定位精度は１・２ｍに向上し、車載用など専用アンテナを用いれば数十㎝単位にまで高まったとされる。

■宇宙コントロール（space control）

繰り返すが、中国は、紛争時に敵の宇宙利用を制限・妨害するため、ミサイルやレーザーを用いた対衛星兵器（ＡＳＡＴ）、そしてキラー衛星などの開発を進めている。また、衛星と地上局間通信の電波妨害装置（ジャマー）や地上局に対するサイバー攻撃などの手段をもって、対宇宙作戦を遂行すると見られる。さらに、月面基地や宇宙ステーションから戦力を投射するなど、米国を念頭に宇宙優勢の獲得を目指している。

■宇宙戦力の応用（space force application）

この際、中国は、宇宙ステーションなどをベースとした宇宙空間からの、あるいは同空間を経由した対地攻撃を行う可能性があり、その懸念を払しょくすることはできない。

第3節　米国と並ぶ「宇宙大国」ロシアの「宇宙戦」

1　宇宙戦の位置付けと取組み

（1）宇宙戦の位置付け

ロシアの宇宙活動は、WWⅡ後、米国との東西冷戦で競い合ったソ連時代から継続している。ソ連は、1957年に世界初の人工衛星「スプートニク1号」の打ち上げに成功したように、宇宙開発競争において、当初、米国を大きくリードし、有人宇宙飛行や月・惑星への探査機着陸など、次頁に示すような世界初の偉業を米国に先んじて達成した。言わば、ロシアは「宇宙先進国」であり「宇宙大国」である。

1957年	「スプートニク１号」の打ち上げ
1959年	• ルナ２号が月の表面に到達 • ルナ３号が月の裏側の写真を撮影し地球に送信
1965年	ボスホート２号によりレオノフが宇宙遊泳
1966年	ルナ９号が月に軟着陸し、月面の映像を約100分間地球に送信
1970年	ベネラ７号が金星に軟着陸し、土壌および大気データを地球に送信
1971年	マルス３号が火星に到達、火星の上空1200㎞の写真撮影に成功

〈出典〉神谷考司・津田憂子「ロシアの宇宙開発」（国立研究開発法人科学技術振興機構（JST）研究戦略センター（CRDS）開発・海外動向ユニット、2017年３月）を筆者一部補正 https://www.jst.go.jp/crds/pdf/2016/FU/RU20170426_1.pdf（as of February 6, 2023）

ソ連は、「スプートニク１号」に引き続いて多種多様かつ多数の人工衛星を打ち上げ、その解体に至るまで世界一の人工衛星打上げ数を誇った。ちなみに、２０１１年末までに、地球軌道の宇宙空間に漂った10㎝以上の人工物は３万８０４４個に上り、そのうちロシアが２万２２７１個、米国が１万３３３４個であり、２か国で圧倒的な割合を占めているという（神谷考司・津田憂子「ロシアの宇宙開発」）。

ソ連時代の宇宙開発は、ほとんどが軍事目的であったことから、それまでの宇宙開発は国防省が全てを取り仕切っていた。そのため、打ち上げられた人工衛星の中には多数の軍事衛星が含まれ、冷戦期間中、米国およびソ連による宇宙空間での軍事的な利用が飛躍的に増大した。

１９９１年のソ連解体以降、ロシアの国防産業は壊滅的な打撃を受け、宇宙活動は一時低調な時期があった。しかし２０００年代に入り、石油をはじめとした天然資源価格の高騰によりロシア経済は回復の兆しを見せ、宇宙開発分野においても、利用不能に陥っていたロシア版ＧＰＳ「グロナス」の復活や通信衛星、地球観測衛星の打ち上げなど、近年、再び宇宙開発を活発化させている。

例えば、２０２０年7月、米宇宙コマンドは、ロシアが地球の周回軌道上で対衛星兵器（ＡＳＡＴ）の実験を行った証拠があると発表し、同コマンドのレイモンド司令官は声明で「ロシアが宇宙配備型システムの開発と実験を継続していることを示している」と批判した。

ロシアは、対衛星ミサイル・システム「ヌドリ」などのＡＳＡＴの開発を推進しているとの指摘を受け、結局、２０２１年11月に対衛星ミサイルによる衛星破壊実験の実施を公表した。また、２０１３年以降、接近・近傍活動（ＲＰＯ）を行う衛星を低軌道と静止軌道の双方に投入しており、静止軌道上で他国の衛星への接近・隔離を頻繁に繰り返していることが観測されている。

このように、ロシアは、40数年に及ぶ冷戦期に、米国と宇宙開発・軍拡競争に踏み込み、宇宙優勢の獲得を巡って激しく競い合った長い歴史がある。

冷戦の敗者となったロシアの宇宙開発は、前述の通り、その後の一時期、停滞することになるが、近年再び「影響力ある大国」を掲げ、ロシアの復活を追求している。

２０２１年7月に改訂された「国家安全保障戦略」でも、ＮＡＴＯの東方拡大や米国の中短距離ミサイルの欧州などへの配備を脅威であるとし、ロシアはそれに屈しない「強い国家」であることを自認するなど、宇宙を含め安全保障・国防の主対象は、依然として米国を中心とするＮＡＴＯに向けられている。

ロシアは、２０１３年2月にゲラシモフ参謀総長が発表した「予測における科学の価値」（『軍需産業クーリエ』、２０１３年2月27日付）というタイトルの論文を下敷きとして、２０１４年に「ロシア連邦軍事ドクトリン」を策定した。その中で「グローバルな情報空間、航空・宇宙空間、地上及び海洋において敵領域の全縦深で同時に活動を行うこと」を強調している。

これは、西側諸国でいうマルチドメイン作戦（ＭＤＯ）に相当する概念であり、近年ロシア軍は、従来の陸・海・空領域と密接に連携した宇宙、サイバー及び電磁波領域における活動を活発化させている。

他方、ロシアは、２０１５年にロシア空軍とロシア航空宇宙防衛軍を統合し、新しい軍種として航空宇宙軍を創設した。

米国は、地域別統合軍として宇宙コマンドを創設し、宇宙戦を基本的に専管運用する体制をとっている。一方、ロシア連邦軍の航空宇宙軍は、空軍、防空・ミサイル防衛軍、宇宙軍の3個軍をもって編制されているが、航空兵力の集中的な戦闘指揮、防空・ミサイル防衛、人工衛星の発射及び制御、ミサイル攻撃警戒、宇宙空間の監視などを任務とし、単一の司令部（コマンド）が、三つの隷下部隊を統合運用する体制をとっている所に特色がある。

column

ロシア連邦軍の航空宇宙軍

ロシアは２０１５年に、ロシア空軍とロシア航空宇宙防衛軍を統合し、新しい軍種として航空宇宙軍を創設した。正式にはロシア連邦軍の航空宇宙軍と呼ばれ、２０１５年8月1日に運用を開始した。

航空宇宙軍は、空軍、防空・ミサイル防衛軍、宇宙軍に細分化されるが、単一のコマンド（司令部）が、航空、防空・ミサイル防衛部隊、宇宙及びその他の軍事手段を統合運用する。

同軍は、情報・核ミサイル早期警戒衛星の打ち上げと運用及び防空・ミサイル防衛の調整（いわゆる統合防空ミサイル防衛：ＩＡＭＤ）を担当し、通常兵器工廠とともに世界最大の空軍の一つを指揮統制する。人員は、約15万人である。

〈出典〉Franz-Stefan Gady, "Russia Creates Powerful New Military Branch to Counter NATO", THE DIPLOMAT, August 07, 2015を筆者が翻訳・補正

（2）宇宙戦への取組み：宇宙政策・戦略

ア　宇宙政策・戦略

ロシアのプーチン大統領は、エネルギー輸出に大きく依存したロシアの歪な経済・産業構造を多角化するため、ソ連崩壊後に下火となった宇宙開発を再生させることで大国としての拠り所を軍事

やエネルギーから宇宙分野へと拡大しようと考えた。そして、２００６年5月に連邦議会に宛てた年次教書演説で、「エネルギー産業、通信、宇宙、航空機製造といったハイテク分野において自己の真価を十分に発揮すべく、知的サービスの一大輸出国になるべきである」と述べた。

その意向を踏まえ、ロシア政府は２００５年10月に「２００６～２０１５年のロシア連邦宇宙プログラム」と題する新しい宇宙開発の10か年計画を打ち出したほか、２０２０年までの有人宇宙飛行計画」の策定にも取組んでおり、ロシアの宇宙開発政策は再び大きな前進に向けて踏み出した。

２０１５年12月に承認された「国家安全保障戦略」においては、米国による宇宙への兵器の配備が、グローバル及び地域的な安定を阻害している要因の一つと指摘している。

そのうえで、ロシアは２０１６年3月、「２０１６～２０２５年のロシア連邦宇宙プログラム」を発表し、国産宇宙衛星の開発・展開、有人宇宙飛行計画などを盛り込み、宇宙活動を展開していく上での今後の方針を示している。

同プログラムでは、２０１６年から２０２０年までを第1段階、２０２０年から２０２５年までを第2段階としている。プログラムの実施責任機関は国営宇宙公社ロスコスモス（ＲＯＳＣＯＳＭＯＳ）であり、国防省の軍事プログラムが含まれることを理由にプログラム全文は非公開となっている。もともと、軍事分野の宇宙開発政策・戦略に関しては、秘密保全の程度が高く、政策そのものが明らかとなっていないが、基本的優先課題は大きく次の3点である。

①宇宙軌道上にある国産の宇宙機器群の展開・維持とそれに必要な搭載機の開発。また、次世代

の超重量級ロケットの開発・打ち上げ

②科学的調査のための宇宙機器の開発・打ち上げ（天体観測、月・惑星探査、および「エクソマーズ」等の国際プロジェクトを含む）

③有人宇宙飛行（ＩＳＳのロシアセグメントの展開、２０２４年までＩＳＳの運用の継続、および次世代の有人宇宙船の開発・製造・試運転等を含む）

また、２０１９年に米国が「ミサイル防衛見直し（ＭＤＲ）」を公表したことを受け、ロシアは同計画の実施が宇宙における軍拡競争を引き起こすことは必至であり、国際的な安全保障及び安定にとって最もマイナスの結果を招くことになるなどと懸念を表明した。

ロシアは、２０３０年までに、観測、気象、通信、測位などを行う６００機の衛星による衛星コンステレーション構想「スフェラ」を計画している。また、２００３年に米国のスペースシャトルが事故を起こしてからは、ロシアの「ソユーズ宇宙船」が国際宇宙ステーション（ＩＳＳ）に宇宙飛行士を運ぶ唯一の輸送手段となっていたが、２０２１年４月、ロスコスモス総裁を兼任するボリソフ副首相は国営テレビ番組で、２０２４年以降にＩＳＳから離脱し、独自の宇宙ステーションを開発する計画を明らかにした。背景には、ロシアのウクライナ侵攻にともなう西側の経済制裁があると見られている。

ロシアは、２０２３年８月に47年振りの月面探査ミッションを失敗したが、プーチン大統領は２０２３年10月、同探査の継続を表明するとともに、２０２７年までに新たな宇宙ステーションの最初の施設を運用し始める考えを示した。

column

国際宇宙ステーション（ＩＳＳ）

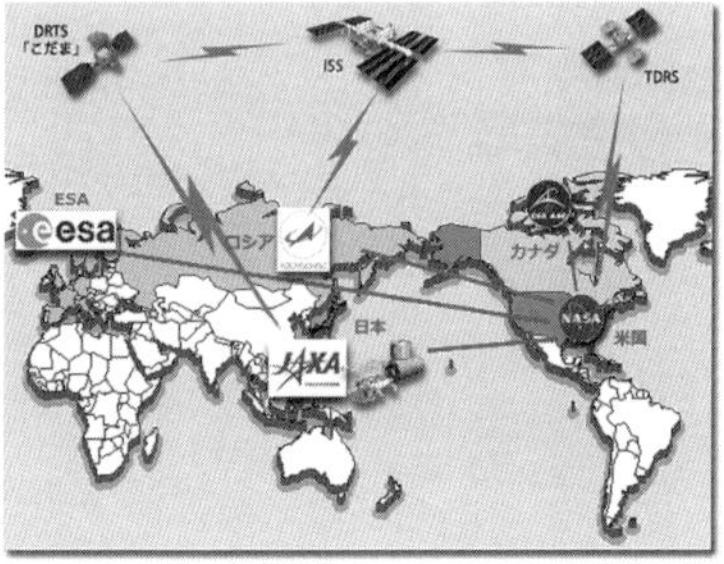

国際宇宙ステーション（ＩＳＳ）については、１９８２年から米国の航空宇宙局（ＮＡＳＡ）で計画が持ち上がり、１９８４年、当時のレーガン大統領が「人が生活することのできる宇宙基地を、10年以内に建設する」という発表を行ったことで、正式にスタートした。同大統領は、関係各国に計画への参加を呼びかけ、それまで激しい宇宙競争を繰り広げてきた米国とソ連の2大ライバル国を含む参加各国が開発した要素（パーツ）を持ち寄り、その高い技術をひとつの目的のために使うことになった。

ＩＳＳは、１９９８年に宇宙での建設が始まり、２０１１年７月に完成した。２０００年11月からは3名の宇宙飛行士がＩＳＳに滞在を開始し、現在6名体制で運用を行っている。各要素の打ち上げには、米国のスペースシャトルやロシアのソユーズロケットが使用されている。物資補給には米国、ロシア、欧州宇宙機関（ＥＳＡ）、そして日本の宇宙ステーション補給機「こうのとり（ＨＴＶ）」が重要な役割を果たしている。参加国は４か国１機関で、米国がＩＳＳ全体の運用について調整を行い、米国、ロシア、日本、欧州（ＥＳＡの11か国）、カナダの各国・機関が開発したＩＳＳのシステムや装置を、それぞれ責任をもって運用している。ＩＳＳの運用期間は２０２４年までとなっているが、ＮＡＳＡのネルソン長官は２０３０年まで運用を延長する方針を発表し、関係国で議論が行われている。

〈出典〉画像はＪＡＸＡ、説明文はＪＡＸＡの資料を基に筆者作成

ロシアは、シリアにおける軍事作戦に宇宙能力を活用しており、ショイグ国防相は２０１９年の国防省の会議において、本作戦の経験で、軍用衛星の再構築が必要との認識に至った旨を明らかにした。２０２１年11月には、５機目となる早期警戒衛星「ツンドラ」の軌道投入に成功し、ミサイル防衛能力の強化が進展している。また同月、ロシア国防省は、軌道上にあるソ連の人工衛星を破壊する実験に成功した旨発表した。

一方で、ロスコスモスの総裁が、ロシア議会において、欧米諸国の経済制裁の影響で、マイクロチップが輸入できず、衛星製造業者が多数の未完成の衛星を抱えていると発言するなど、一部の衛星生産が困難に直面している面もみられる。

インタファクス通信が報じたところによると、ロスコスモスのボリソフ総裁は２０２３年７月24日、国際宇宙ステーションの構成部分でロシアが建設を予定するロシア軌道セグメント（ＲＯＳ）について、ブラジル、ロシア、インド、中国、南アフリカで構成する新興５か国（ＢＲＩＣＳ）にモジュール建設を提案した。

このように、ウクライナ戦争を契機として、今後、米国を中心とする西側に対抗し、中露などの反米勢力が宇宙においても一段と分断・対立の動きを強めることが懸念される。

イ　宇宙戦を巡る動向

ロシアは、宇宙戦力の整備にあたり、かつて対峙した米国を強く意識し、核戦力のバランスを確保したうえで、先進諸国との対比で劣勢を認識する通常戦力において、精密誘導可能な対地巡航ミサイルや無人機といった先進諸国と同様の装備を拡充しつつある。加えて非対称な対応として、長射程の地対空及び地対艦ミサイル・システムや電子戦装備による、いわゆる「Ａ２／ＡＤ」能力の向上を重視しているものと見られる。

それらを背景に、ロシアは宇宙能力を軍事作戦の遂行に利用しており、２０１５年のシリア空爆作戦においては、画像収集衛星やデータ中継衛星（通信衛星の一種）などの人工衛星を計10機使用し、シリア国内の状況を把握していたようである。

また、ロシアは地上発射型の対衛星ミサイルの発射試験を繰り返しているほか、ＭｉＧ－31から発射する対衛星ミサイルの開発を行っていると指摘されている。極東のボストーチヌィでは、宇宙センターの整備をおおむね完了させているが、新たな発射場を建設中とされ、同センターへの軍の関与を含め今後の動向が注目される。

他方、ウクライナ戦争におけるロシア軍の宇宙利用には、衛星測位システム「グロナス」などが運用されていると推定されるが、現在まで目立った動きは報道されていない。その上、ロシアは、米国などの支援を受けるウクライナ軍の宇宙利用を効果的に妨害できていない模様であり、今後のロシアの宇宙戦の動向には併せて注目が必要である。

2　宇宙戦の組織・体制

(1) 全般

ロシアでは、政府機関の連邦宇宙局と国営「統一ロケット・宇宙会社」を統合し2016年に設立されたロスコスモスが、国際宇宙ステーションの運営などロシアの科学分野や経済分野の宇宙活動を担う一方で、国防省ロシア連邦軍が安全保障・国防目的での宇宙活動に関与している。

両者は、ロケット打ち上げ基地や管制センターを共用で運用するなど、相互に協力して宇宙開発に取組んでいる。また、ソ連時代の宇宙開発のほとんどをロシア軍が担っていたことや、国防次官

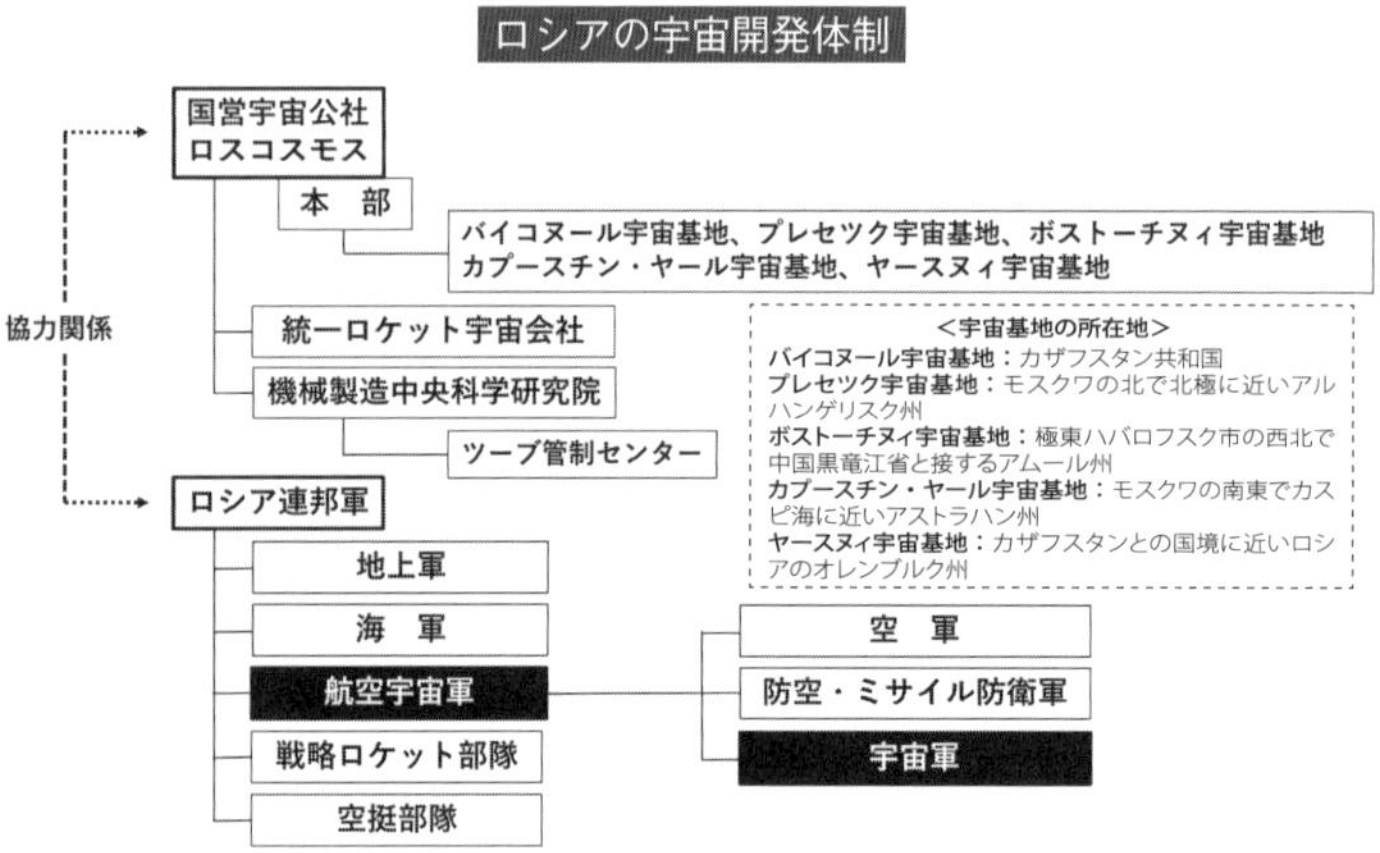

〈出典〉各種資料を基に筆者作成

や宇宙軍（現航空宇宙軍）司令官などの軍出身者がロスコスモス社長に就任するケースが多く、また、かつての連邦宇宙局の人材供給を全面的に宇宙部隊に依拠していたことなど、人事的にも関係が深い。

ロシアの軍事力は、連邦軍、連邦保安庁国境警備局、連邦国家親衛軍庁などから構成される。連邦軍は3軍種2独立兵科制をとり、地上軍、海軍、航空宇宙軍と戦略ロケット部隊、空挺部隊からなっている。

宇宙に関しては、前述の通り、2015年8月に空軍と航空宇宙防衛部隊が統合され創設された航空宇宙軍、その隷下の宇宙軍が実際の軍事面での宇宙活動や衛星打ち上げ施設の管理などを担当している。

(2) 宇宙軍

防衛研究所の兵頭慎治氏の論考「ロシアにおける宇宙開発政策の立案プロセス――2006～2015年のロシア連邦宇宙プログラムの策定を中心に」は、宇宙部隊の創設の経緯について、国防省情報・渉外局発行の軍事年鑑『ロシア連邦軍 2005』（2006年3月）を参考に以下のように説明している。

宇宙部隊は1955年に創設され、1957年10月の人類初の人工衛星「スプートニク」の打ち上げに貢献した後、70年代終わりまでに戦略諜報、弾道ミサイル発射の探知、戦闘制御、戦略・作戦通信、ナビゲーション・測地測量などの機能を備えた宇宙システムを整備し、1982年にソ連邦国防省直属の宇宙部隊となった。

ソ連崩壊直後のロシア軍も、ソ連時代の5軍種（地上軍、防空軍、空軍、海軍、戦略ミサイル軍）、2兵科（空挺部隊、宇宙部隊）により編成されていたが、その後、軍改革が進められ、97年11月に防空軍隷下のミサイル・宇宙防衛部隊と独立兵科の宇宙部隊が戦略ミサイル軍に統合され、さらに98年3月には防空軍と空軍が統合されて4軍種（地上軍、空軍、海軍、戦略ミサイル軍）1兵科（空挺部隊）体制となった。その後、2001年6月に軍種としての戦略ミサイル軍が解体され、独立兵科としての戦略ミサイル部隊と宇宙部隊に分離され、現在の3軍種（地上軍、空軍、海軍）3兵科（空挺部隊、戦略ミサイル部隊、宇宙部隊）体制に至っている（※筆者注：宇宙部隊は宇宙軍に、戦略ミサイル軍は戦略ロケット部隊に読み替えるものとする）。

宇宙軍（宇宙部隊）は、2001年に弾道ミサイル防衛や軍用・民用人工衛星の開発を行うロシア連邦軍の一部門として創設され、２０１１年の組織改編で航空宇宙防衛部隊に統合された。その後の軍改革は、前述の通りである。

宇宙軍の主要任務は、宇宙監視と宇宙作戦・運用、ロケットの打ち上げ及び同施設の管理、宇宙システムの試験・研究・人材育成などであり、その活動を他のロシア軍に提供することにある。

「宇宙監視と宇宙作戦・運用」については、種々のレーダーや追跡・宇宙コントロールの関連装置を管理し、宇宙インフラの指揮統制を確保するとともに、ロシア全土に配置された早期警戒レーダーや光学および電子センサーを組み合わせ運用して、宇宙空間を継続的に監視し、弾道ミサイル発射の早期警戒任務も遂行する。

宇宙軍は、宇宙軍事システムの追跡のために、カザフスタンのバイコヌール宇宙基地やフランス領ギアナ（南米）のクールーにあるギアナ宇宙センターのような国境を越えた宇宙基地など、広範な追跡ネットワークを有している。また、同軍の指揮統制装置は、衛星測位システムであるグロナス（ＧＬＯＮＡＳＳ）などロシアの軍事システムとして使用されている。

シリア内戦への軍事介入に際しては、各種衛星を動員して陸海空での軍事作戦を支援した。ウクライナ戦争でも、同じように宇宙からの各種支援が行われていると見られる。

「ロケットの打ち上げ及び同施設の管理」は、主として、モスクワの北で北極に近いアルハンゲリスク州にあるプレセツク宇宙基地の打ち上げ複合施設を使用して行われている。そこでは、ソユーズ（Ｓｏｙｕｚ）２号（様々なバリエーション）、ロコット（Ｒｏｋｏｔ）、アンガラ（Ａｎｇａｒａ）など

ロシアの宇宙基地

〈出典〉神谷考司・津田憂子「ロシアの宇宙開発」（国立研究開発法人科学技術振興機構 研究開発戦略センター 海外動向ユニット、2017年３月）https://www.jst.go.jp/crds/pdf/2016/FU/RU20170426_1.pdf（as of February 6, 2023）

のロケットを運用している。また、ボストーチヌィやバイコヌールなど他の宇宙基地での打ち上げ活動も支援している。

「宇宙システムの試験・研究・人材育成」に関しては、ロシア軍の宇宙関連機器の近代化や発注に資する宇宙関連技術の試験および研究を行い、資格のある個人を育成する教育訓練の役割を果たしている。宇宙関連機器には、ロケットとそのコンポーネント、宇宙追跡および監視システム、宇宙船、ペイロード（ロケット・衛星の計器類）および指揮統制関連のインフラストラクチャーが含まれる。

また、前記の歴史的経緯から、宇宙軍は、１９５５年の創設当初から任務としていた戦略諜報や弾道ミサイル発射の探知、戦闘制御、戦略・作戦通信、ナビゲーション・測地測量などの役割も継承しているものと見られる。

3　宇宙戦の主要手段・兵器システムとその能力

プーチン大統領は、米国一極支配に反対して世界の多極化を推進し、欧米主導の既存の国際秩序を容認しないという立場から、「強い国家」や「影響力ある大国」を掲げ、ウクライナへの軍事侵略に見られるようにロシアの復活を追求している。

軍事力の整備にあたっては、かつて東西冷戦で二極対立した米国を強く意識し、国際的地位の確保と米国との核戦力のバランスをとる必要があることに加え、先進諸国との対比で劣勢を認識する通常戦力を補う意味でも核戦力を重視しており、その即応態勢の維持に努めている。

通常戦力については、先進諸国と同様の装備を拡充しつつあるほか、非対称な対応として、長射程の地対空及び地対艦ミサイル・システムや電子戦装備による、いわゆる「Ａ２／ＡＤ」能力の向上を重視しているものとみられる。このような核戦力やミサイル・システムに依存する戦略姿勢は、自ずと宇宙戦の重要度を高めるものである。

ロシアの宇宙開発は、ソ連時代から継続しており、同時代には、数々の人工衛星を打ち上げ、その解体に至るまで世界一の人工衛星打ち上げ数を誇った。１９９１年のソ連解体以降、ロシアの宇宙活動は低調な状態にあったが、近年、再び宇宙開発を活発化させ、宇宙戦能力の強化に取組んでいる。

具体的には、ロシアは、代表的なソユーズロケットなどによって多種多様な機能を持つ人工衛星を打ち上げ、併せて、対衛星ミサイル・システム「ヌドリ」などの対衛星兵器の開発を推進し、紛争時に敵の宇宙利用を制限・妨害する能力取得の努力を重ねている。

■宇宙支援（space support）

例えば、ロシアは、２０３０年までに、観測、気象、通信、測位などを行う６００機の衛星による衛星コンステレーション構想「スフェラ」を計画しており、また、２０２１年４月には、ボリソフ副首相が国営テレビ番組で、２０２５年以降、国際宇宙ステーションから撤退し、独自の宇宙ステーションを開発する計画を明らかにした。

また、ロシアは、シリアにおける軍事作戦に宇宙能力を活用しており、ショイグ国防相は２０１９年の国防省の会議において、本作戦の経験で、軍用衛星の再構築が必要との認識に至った旨を明らかにした。２０２１年11月には、５機目となる早期警戒衛星「ツンドラ」の軌道投入に成功しており、ミサイル防衛能力の強化が進展している。また同月、ロシア国防省は、軌道上にあるソ連の人工衛星を破壊する実験に成功したと発表した。

■**戦力強化**（**force enhancement**）

ロシアは、米国と並んで軍事衛星の開発と配備における世界の主要なプレーヤーであり、その軍事宇宙プログラムは、数十年にわたり、様々な目的のための高度な衛星の開発と打ち上げの最前線に立ってきた。

米国ワシントンＤ・Ｃを拠点とし、ロシア問題に造詣の深いジェームズタウン財団（The JAMESTOWN FOUNDATION）の「ロシアの軍事宇宙計画：２０２２年の成果」（ユーラシア・デイリー・モニター19巻１８７号）によると、ウクライナ侵攻を続けた２０２２年中にロシアは新たに14機（Jonathan's Space Reportでは15機）の軍事衛星を打ち上げた。

その結果、２０２２年12月現在、ロシアの現役軍事衛星の数は合計１０８機になったという。これらには、全地球測位衛星システムＧＬＯＮＡＳＳ25機、通信衛星48機、電子情報（ＥＬＩＮＴ）衛星８機（Ｌｏｔｏｓ－Ｓ１ ６機を含む）、光学画像衛星５機（Ｂａｒｓ－Ｍ地図作成衛星３機を含む）、レーダー画像衛星２機、早期警戒衛星６機、検査／宇宙観測衛星５機、測地衛星２機、および技術開発衛星５機が含まれるとされる。

なお、ＧＬＯＮＡＳＳ（25機）には、次世代型のＧＬＯＮＡＳＳ－Ｋ１とＧＬＯＮＡＳＳ－Ｍが含まれてる。

以上の軍事衛星は、いずれもロシアの戦力強化に不可欠であり、衛星技術とデータの使用を通じて、作戦戦闘における有効性を高め、ロシア軍が戦場での優位性並びに戦略的優位性の獲得を目的に運用しているものである。

　他方、ロシアは、数十年にわたる高解像度の光学およびレーダー画像宇宙システムの不足などの課題を抱えていると見られるが、前述の多くのプロジェクトに限られた資源を分散して投資せざるを得ない状況で、今後の宇宙計画の強化が遅延する可能性も指摘されている。

■宇宙コントロール（space control）

　ロシアは、すでに１９６８年には軌道上の衛星を攻撃する初の実証実験を行ったと伝えられている。また、前述の通り、ロシアは、対衛星ミサイル・システム「ヌドリ」などの対衛星兵器の開発を推進しているとされ、２０２１年11月に、対衛星ミサイルによる衛星破壊実験の実施を公表した。また、２０１３年以降、接近・近傍活動（ＲＰＯ）を行う衛星を低軌道と静止軌道の双方に投入しており、静止軌道上で他国の衛星への接近・隔離を頻繁に繰り返していることが観測されている。

　２０２０年7月、米宇宙コマンドは、ロシアが地球の周回軌道上で対衛星兵器の実験を行った証拠があると発表し、同コマンドのレイモンド司令官は声明で「ロシアが宇宙配備型システムの開発と実験を継続していることを示している」と指摘した。

　このように、ロシアは、宇宙空間における敵の行動の自由を阻止する能力と態勢を保持し、必要があれば、それをもって宇宙優勢の獲得を目指すのは必定といえよう。

■宇宙戦力の応用（space force application）

ロシアの「宇宙戦力の応用」については、明らかになっていないが、独自開発予定の宇宙ステーションなどをベースとした宇宙空間からの、あるいは同空間を経由した対地攻撃などを行う可能性があり、米国への強い対抗意識から、その懸念を払しょくすることはできない。

第4章
主要国に大きく出遅れた日本の「宇宙戦」への取組み

1　宇宙開発の位置付けと取組み

（1）宇宙開発の位置付け

日本の宇宙開発は、終戦から10年後の１９５５年に糸川英夫東京大学教授が率いたペンシルロケットの水平実験の成功にまで遡る。しかし、日本がミューロケットによる人工衛星打ち上げ技術の習得と衛星についての工学的試験を目的として、日本初、世界で4番目となる人工衛星「おおすみ」を打ち上げたのは、それからさらに10数年後の１９７０年まで待たねばならなかった。

ＷＷⅡが終わると、日本の「非武装（非軍事）化・弱体化」を基本方針とした連合国軍総司令部

（ＧＨＱ）は、軍備を徹底的に解体し、宇宙分野の研究開発も禁止した。約７年間の軍事占領を経て１９５２（昭和27）年のサンフランシスコ講和条約によって日本は独立国としての主権を回復し、ようやくロケットの時代に入りつつあった世界に目を向け、全くの零からの宇宙開発に乗り出すこととなった。

日本は１９６９（昭和44）年、宇宙開発利用は平和目的利用に限るとの国会決議（「宇宙の平和利用決議」）を行い、「非軍事利用」に限定した政策を推進した。

日本人が初めて宇宙へ行ったのは、当時ＴＢＳの記者だった秋山豊寛氏がソ連の「ソユーズ」に特派員として搭乗した時で、ソ連と米国に遅れること29年後の１９９０年であった。アジアでもベトナムやモンゴル、インドに遅れをとり、世界で21番目だった。

このように、日本は、先行する米国やソ連、中国などに比べると明らかに「宇宙後発国」であり、そのため、「宇宙小国」でもあった。

その後、２００８（平成20）年５月、宇宙の安全保障利用を可能とする「宇宙基本法」を制定し、ようやく戦後60年余を経て宇宙安全保障の分野に踏み出すことになった。また、21世紀を展望して、全段固体燃料を使った世界最大の打ち上げ能力を有するＭ‐ＶロケットやＨ２Ａロケットなどを開発し、日本の宇宙科学技術は「はやぶさ」の小惑星探査・地球帰還（２００３～２０１０年）や「かぐや」による月面観測（２００７～２００９年）などに見られるように、世界レベルの成果を創出するまでに急成長している。

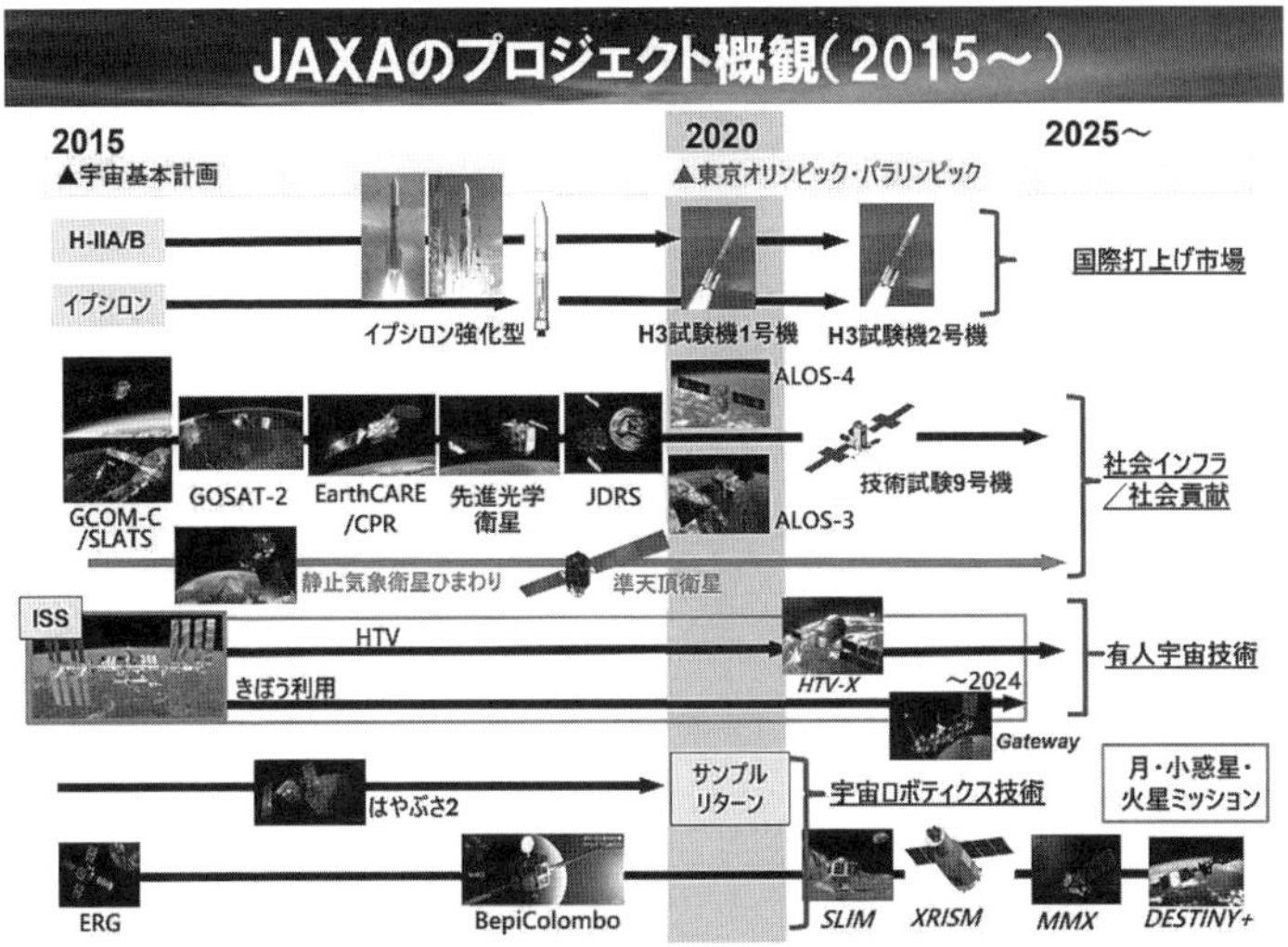

〈出典〉JAXA 山川豊理事長「国立研究開発法人 宇宙航空研究開発機構（JAXA）の最近の取組」（平成31（2019）4月22日、資料9-4）https://www.soumu.go.jp/main_content/000616342.pdf（as of February 11, 2023）

２０２０（令和２）年６月30日閣議決定の「宇宙基本計画」や内閣府・宇宙開発戦略本部（本部長・岸田文雄内閣総理大臣）が２０２２（令和４）年12月に決定した「宇宙基本計画工程表（令和４年改訂版）」によると、民生部門では、災害対策・国土強靱化や地球規模課題の解決への貢献、宇宙科学・探査による新たな知の創造、宇宙を推進力とする経済成長とイノベーションの実現及び産業・科学技術基盤を始めとする宇宙活動を支える総合的な基盤の強化などをテーマに、宇宙開発が順調な進展を遂げている。その概要（２０１５年以降）は、上記図表の通りである。

他方、日本の宇宙安全保障の分野はどうなっているのだろうか。

米ソ（露）中の宇宙開発は、ほとんどが軍事目的でスタートした。しかし、日本の場合は、１９６９（昭和44）年に宇宙開発利用は平和目的利用に限るとの国会決議（「宇宙の平和利用決議」）を行い、軍事的目的の利用を意図的に避け、学術研究・科学技術や民生利用主導の政策を推進した。宇宙の安全保障利用は、前述の「宇宙基本法」制定まで「失われた40年」が経過した。ＧＨＱの占領政策や戦後の軍事忌避の国内世論、宇宙条約が掲げる「平和的目的」の厳格な解釈などがその背景にあった。

そのため、宇宙大国である中露の宇宙戦能力に対し宇宙利用の優位性を確保し得る体制を整備するに当たっては、早期警戒、ＩＳＲ、測位、航法及びタイミング、宇宙状況監視、指揮統制・通信並びに任務保証に不可欠な、関係する宇宙システムの抗たん性の確保などの広範な分野において、同盟国である米国との連携協力が欠かせない。同時に、日本が列強にキャッチアップできる能力を整備するには、大規模かつ迅速な政策努力と投資が避けて通れない喫緊の課題となっている。

（2）宇宙戦への取組み：宇宙政策・戦略

ア　政府全体の取組み

前述の通り、日本の宇宙開発は、１９６９年に衆議院で全会一致により採択された「わが国における宇宙の開発及び利用の基本に関する決議」に沿って進められてきた。

決議の内容は、以下の通りである。

> 我が国における地球上の大気圏の主要部分を越える宇宙に打ち上げられる物体及びその打ち上げロケットの開発及び利用は、平和の目的に限り、学術の進歩、国民生活の向上及び人類社会の福祉を図り、あわせて産業技術の発展に寄与すると共に、進んで国際協力に資するためにこれを行うものとする。（下線筆者）

この決議は、「宇宙の平和利用決議」と言われるもので、政府は「月その他の天体を含む宇宙空間の探査及び利用における国家活動を律する原則に関する条約」（宇宙条約）に則り、宇宙の平和利用に関して「非軍事利用」とするとの立場をとってきた。

それは、後述するように、本来「偵察衛星」であるべきものが、民生利用を装った「情報収集衛星」の呼称の下に整備され、自衛隊は衛星保有を禁止されていることから、内閣が所有・運用するという仕組みを採用することとなった経緯などに表れている。

しかし、１９８０年代に入ると、宇宙技術の汎用性（軍民両用性）の高さから、①自衛隊が日本政府の通信衛星回線を利用すること、②米海軍との共同訓練のために米軍事衛星の通信受信機を予算計上のうえ利用すること、および③防衛目的の軍事利用もあり得る国際宇宙ステーション（ＩＳＳ）構想に日本が参加することなど、現行の日本の宇宙の非軍事利用の解釈では進化する宇宙活用の現実に対応できなくなってきた。

このようなことが国会内外で議論され、それを背景に、内閣は、宇宙の利用が国民生活に浸透し、一般化していれば、最早それは軍事利用ではありえず、非軍事利用＝平和利用であるとの解釈の下、1985年に次のような「政府統一見解」を示し、非軍事利用の解釈を再定義した。

Ⅰ　自衛隊が衛星を直接、殺傷力、破壊力として利用することは認めない。

Ⅱ　利用が一般化しない段階での自衛隊による衛星利用は認めない。

Ⅲ　利用が一般化している衛星およびそれと同等の機能を有する衛星については、自衛隊による利用は認められる。

それでも、例えば、Ⅰについては衛星破壊兵器（ASAT）を、Ⅱについては早期警戒衛星を、それぞれ持てないという解釈であり、ようやくⅢにおいて情報収集衛星を持てる可能性が担保されたに過ぎなかった。

内閣は、このような「一般化理論」などと呼ばれる非現実的な理屈で現状を乗り切ろうとしたが、1998年8月31日に日本上空を飛び越えて太平洋側に着弾した北朝鮮のテポドンミサイル事案は、非軍事利用のみが平和利用であるとする日本の宇宙政策を大きく変える歴史的な転換点となった。

北朝鮮のミサイルの脅威に直面した日本政府は、同年中に内閣が保有・運用するという仕組みの中で情報収集衛星の保有を決め、2003年3月に最初の情報収集衛星2機（光学、レーダー各1基）が完全国産ロケットⅠ-ⅡA5号機により打ち上げられた。さらに、同年12月、宇宙の非軍事利用との齟齬（そご）がほとんど議論されることなく、弾道ミサイル防衛（MBD）システムの導入が決定された。

その後の2008年5月、超党派の議員立法により「宇宙基本法」制定され、その第2条で以下の通り規定された。

> 宇宙開発利用は、月その他の天体を含む宇宙空間の探査及び利用における国家活動を律する原則に関する条約等の宇宙開発利用に関する条約その他の国際約束の定めるところに従い、日本国憲法の平和主義の理念にのっとり、行われるものとする。

この規定は、第1章で述べたように、国際社会による宇宙条約の「平和的目的」の解釈、すなわち侵略的目的の利用は禁止されるが、自衛権の範囲内の軍事利用は容認されるという国際標準に近い形で定義されたものである。

この宇宙基本法の制定によって、日本は約40年間続いた宇宙の平和利用＝非軍事利用という考え方から脱却することが出来た。そして、防衛的な宇宙利用は宇宙の平和利用である、という普通の国の解釈を採用したことにより、ようやく防衛省・自衛隊が日本防衛に必要な衛星を所有・運用することが可能となった。

その後、日本では、1957（昭32）年5月に決定された「国防の基本方針」に代わり、半世紀以上を経た2013（平成25）年12月、国家安全保障会議と閣議において初の「国家安全保障戦略」（ＮＳＳ２０１３）が定められた。

同戦略では、「国際公共財（グローバル・コモンズ）に関するリスク」（Ⅲ・１・（４））の項で「人工衛星同士の衝突等による宇宙ゴミの増加を含め、持続的かつ安定的な宇宙空間の利用を妨げるリスクが存在する」と指摘した。その上で、「宇宙空間の安定的利用の確保及び安全保障分野での活用の推進」（Ⅳ・１・（12））の項において、情報収集衛星など各種衛星の有効活用と宇宙空間の状況監視体制の確立を図るとともに、宇宙開発利用を支える技術などを中長期的な視点から国家安全保障に資するよう配慮すると記述された。また、宇宙空間等の幅広い協力を強化し、日米同盟の抑止力及び対処力を向上させていくとされた。

それを踏まえ、ＮＳＳ２０１３に従って策定された防衛計画の大綱（31防衛大綱、２０１８（平成30）年12月国家安全保障会議・閣議決定）では、「多次元統合防衛力」構想の下、従来の領域である陸・海・空に、宇宙・サイバー・電磁波といった新たな領域を加えた「領域横断（クロス・ドメイン）作戦（ＣＤＯ）」が打ち出され、宇宙領域の能力向上が重要な課題として浮上することになった。

そのため、前掲の「宇宙基本計画」や「宇宙基本計画工程表（令和４（２０２２）年改訂版）」の「安全保障の確保」の項には、日本版ＧＰＳ衛星である準天頂衛星システムの開発・整備・運用、Ｘバンド防衛衛星通信網、情報収集衛星、即応小型衛星システム、各種商用衛星等の利活用、早期警戒機能等、海洋状況把握、宇宙状況把握、宇宙システム全体の機能保証強化、同盟国・友好国等と戦略的に連携した国際的なルール作りに関する開発・整備・運用についての具体的な計画が示されている。

さらに２０２３（令和４）年4月、政府の宇宙政策委員会は、今後10年間の宇宙政策の指針となる「宇宙基本計画」改定案を3年ぶりにまとめた。

改定案では、２０２２年12月に改定された国家安全保障戦略（ＮＳＳ）を踏まえ、ロシアによるウクライナ侵略などで安全保障環境が複雑化する中、情報収集や通信の観点から宇宙利用の重要性が高まっていると指摘し、また、人工衛星を破壊する能力を高めている中露などの動きを念頭に、「宇宙空間の脅威が増大している」との危機感を示した。

その上で、「宇宙安全保障」の強化方針を盛り込み、準天頂衛星「みちびき」を7機から11機体制に拡大するとともに、多数の小型人工衛星を一体的に運用する「衛星コンステレーション」による情報収集体制の構築などの方針が示され、防衛省と海上保安庁が、準天頂衛星から信号を受け取る受信機の導入を推進する方針も盛り込まれた。

column

日本版ＧＰＳ衛星・準天頂衛星システム「みちびき」

「みちびき」（準天頂衛星システム）とは、準天頂軌道の衛星が主体となって構成されている日本の衛星測位システムのことで、英語ではＱＺＳＳと表記します。

私たちが普段利用しているカーナビやケータイ電話は、夜空の星や灯台の明かりの代わりに、人工衛星が出す電波を目印にして今いる場所を教えてくれます。この衛星の電波を目印にして今いる場所を知ることを「衛星測位」といいます。このような、測位するための人工衛星を「測位衛星」と呼び、アメリカのＧＰＳ衛星がその代表例です。日本のみちびきも測位衛星の一種です。

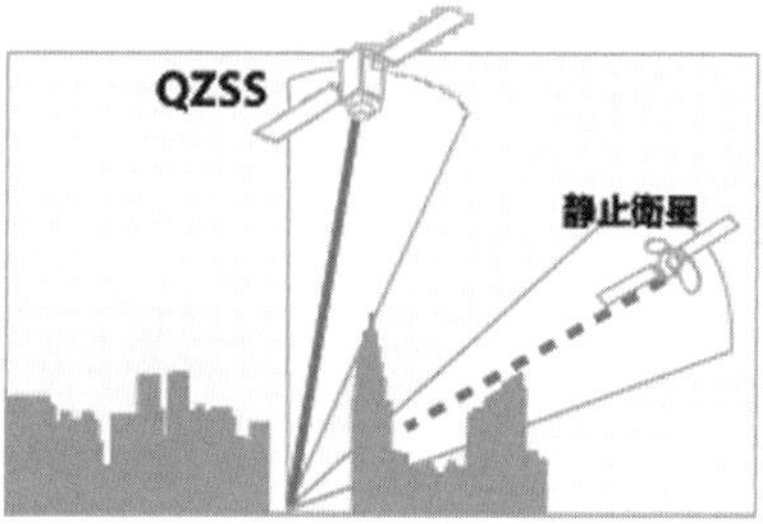

「みちびき」は日本の真上あたりを飛んでおり、アメリカのＧＰＳ等と組み合わせて測位するための電波を出しています。測位衛星４機が出している電波を使うことで今いる場所を知る事ができます。

「みちびき」は、センチメートルレベルの高精度な測位を実現するもので、２０１８年11月、４機体制でサービスを開始し、７機体制構築に向けて、開発・整備を進めています。

《みちびきの特徴》

①安定した測位：日本の真上にいることで安定して情報を提供

②精度の高い測位：独自の補強信号の提供

③みちびきを活用した安心安全サービス：みちびきを活用した災害情報の提供

さらに、災害が起きたあと、どこの避難所にいるか、ケガはしていないか、どんなことに困っているか、などの情報を集め、みちびきを通じて防災機関に伝え、その情報を見て家族などの無事を確認することもできる衛星安否確認サービス「Ｑ－ＡＮＰＩ」も提供しています。

〈出典〉内閣府・宇宙開発戦略推進事務局ＨＰ「みちびき（準天頂衛星システム）」等を筆者一部補正

イ　「国家安全保障戦略」に基づく防衛省・自衛隊の取組み

（ア）「防衛計画の大綱（防衛大綱）」

前掲の31防衛大綱では、中国の覇権的拡大などに伴う国家間のパワーバランスが加速度的に変化・複雑化するとともに、尖閣諸島や南シナ海に見られるようなグレーゾーン事態が長期化の様相を見せ、さらに、宇宙・サイバー・電磁波といった新たな領域の利用が急速に拡大し、その領域における脅威が高まっているとの見解を示した。その結果、国際社会における既存の秩序をめぐる不確実性が増し、これまでの国家の安全保障の在り方が根本から変わろうとしていると指摘し、「防衛力の果たすべき役割」として「あらゆる段階における宇宙・サイバー・電磁波の領域での対応」の項目を設け、次のように述べ、航空自衛隊に宇宙領域専門部隊を保持することが明記された。

平素から、宇宙・サイバー・電磁波の領域において、自衛隊の活動を妨げる行為を未然に防止するために常時継続的に監視し、関連する情報の収集・分析を行う。かかる行為の発生時には、速やかに事象を特定し、被害の局限、被害復旧等を迅速に行う。

我が国への攻撃に際しては、こうした対応に加え、宇宙・サイバー・電磁波の領域を活用して攻撃を阻止・排除する。

また、社会全般が宇宙空間やサイバー空間への依存を高めていく傾向等を踏まえ、関係機関との適切な連携・役割分担の下、政府全体としての総合的な取組に寄与する。

(イ)「中期防衛力整備計画(中期防)」

さらに、防衛省・自衛隊では、前掲防衛大綱に基づき、２０１９(平成31)年度~23(平成35)年度を対象とした「中期防衛力整備計画(中期防)」を策定した。その中で、航空自衛隊において宇宙領域専門部隊を新編すると明記し、宇宙領域での対応に関して、次のように取組んでいる。

①宇宙空間の安定的利用を確保するための宇宙状況監視(ＳＳＡ)体制の構築。そのため、宇宙設置型光学望遠鏡及びＳＳＡレーザー測距装置を新たに導入すること

②宇宙領域を活用した情報収集、通信、測位などの各種能力の向上

③電磁波領域と連携して、相手方の指揮統制・情報通信を妨げる能力を含め、平時から有事までの

安全保障分野における宇宙利用のイメージ

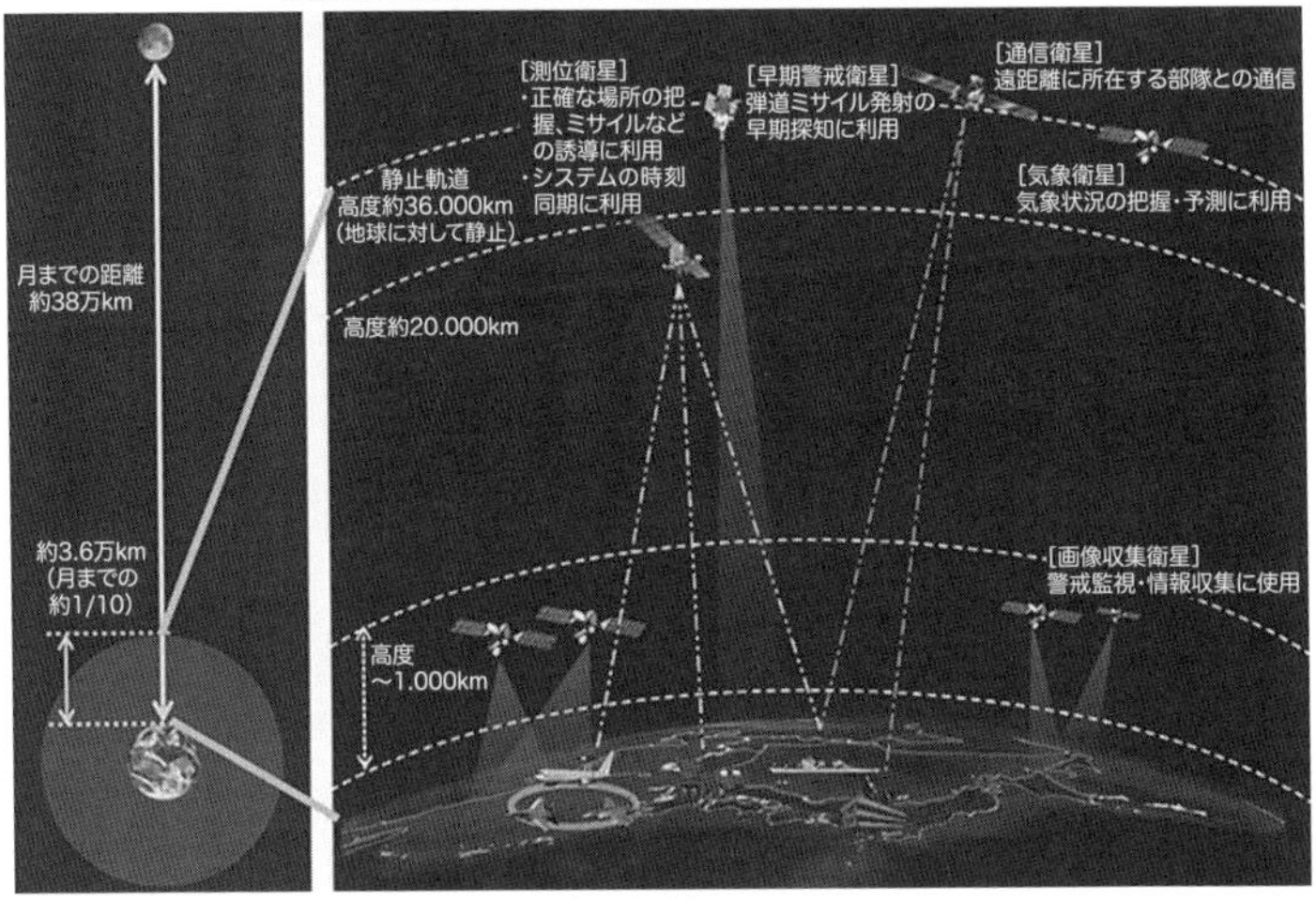

〈出典〉令和４年版『防衛白書』（防衛省）

あらゆる段階において宇宙利用の優位を確保するための能力の強化

④宇宙航空研究開発機構（ＪＡＸＡ）などの関係機関や米国などの関係国との連携強化を図るとともに、宇宙領域を専門とする部隊や職種の新設などの体制構築や、宇宙分野での人材育成と知見の蓄積を進めること

その具体的施策は、次の通りである。

■宇宙状況監視（ＳＳＡ）の強化

宇宙空間を利用するにあたっては、その安定的な利用を確保する必要がある。しかしながら、２０２１年11月にはロシアにより衛星破壊実験が行われ１５００を超える追跡可能なスペースデブリ（ＳＤ）が発生したと米軍により発表されるなど、ＳＤが急激に増加しており、ＳＤと人工衛星が衝突して衛星の機

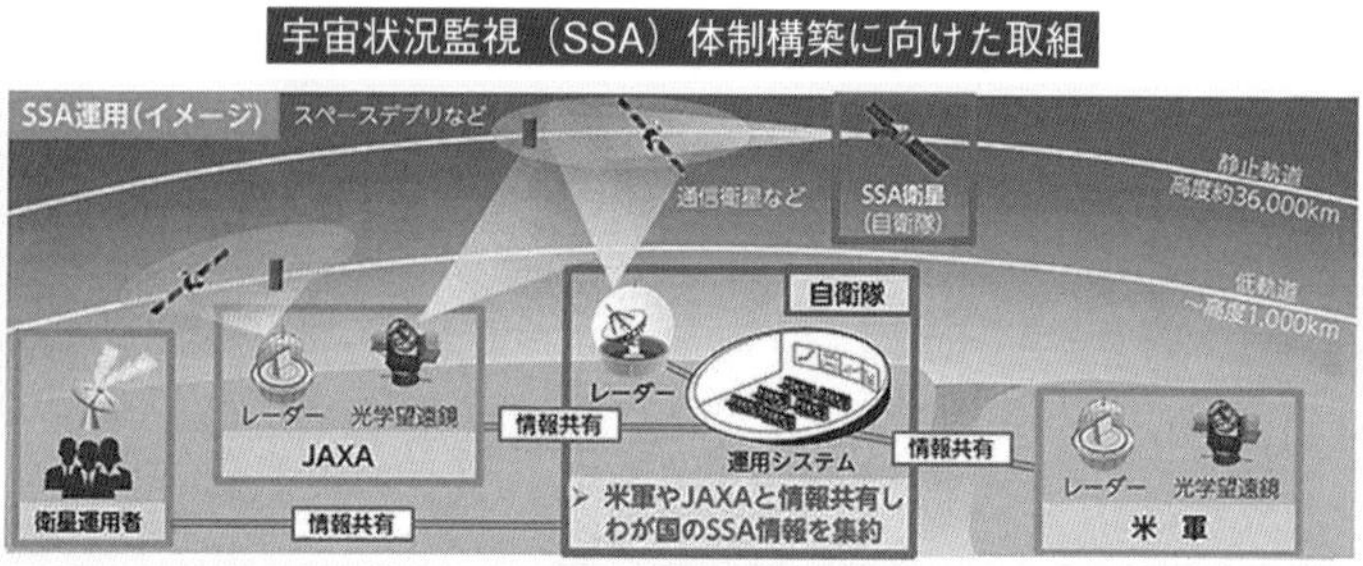

〈出典〉令和４年版『防衛白書』（防衛省）

能が著しく損なわれる危険性が増大している。

また、人工衛星に接近して妨害・攻撃・捕獲するキラー衛星の開発・実証試験が進められていると指摘されており、わが国の安全保障や経済社会が依存する宇宙システムに対する脅威が増大している。

このため、防衛省としては、宇宙基本計画を踏まえ、ＪＡＸＡをはじめとした関係政府機関や米国などと連携しつつ、政府と一体となって宇宙を監視し、正確に状況を認識するためのＳＳＡを強化することとし、２０２３年度以降、空自がＳＳＡシステムの運用を開始することとしている。

空自のＳＳＡシステムは、空自及びＪＡＸＡのレーダー、望遠鏡などから得られるセンサー情報、米国宇宙コマンドから提供される情報などを集約し、わが国の衛星にとって脅威となるＳＤなどを監視するとともに、民間の衛星事業者に対し、宇宙状況に関する情報提供サービスを無償で行うこととしている。

■宇宙領域を活用した情報収集、通信、測位などの各種能力の向上

防衛省・自衛隊では、これまでも人工衛星を活用した情報収集、通信、測位などを行ってきたが、Ｃ4ＩＳＲ機能強化の観点から、準天頂衛星を含む複数の測位衛星信号の受信や民間衛星などの利用により冗長性を確保していくこととしている。

情報収集・警戒監視については、10機体制を目指す情報収集衛星、多頻度での撮像を可能とする小型衛星コンステレーションをはじめとした民間衛星などの利用による重層的な衛星画像の取得を通じ、情報収集能力の強化を図る。

また、引き続き、ＪＡＸＡが運用する人工衛星（ＡＬＯＳ－２）から得られる画像や、船舶自動識別装置（ＡＩＳ）などからの情報を利用するとともに、ＪＡＸＡの先進光学衛星（ＡＬＯＳ－３）にセンサーを搭載して2波長赤外線センサーの研究を行う。

通信については、これまで、部隊運用で極めて重要な指揮統制などの情報通信に使用するために、２０１７年1月に、防衛省としては初めて所有・運用するＸバンド防衛通信衛星「きらめき2号」を、２０１８年4月には「きらめき1号」を打ち上げた。今後、通信所要の増大への対応やさらなる抗たん性強化のため、２０２２年度には「きらめき3号」の打ち上げにより、Ｘバンド防衛通信衛星3機体制を目指すとともに、次期防衛通信衛星の調査研究を行った。

なお、当初「きらめき1号」は、２０１６年7月にアリアン5で打ち上げられる予定であったが、ギアナ宇宙センターへの輸送中に損傷したため修理が必要となり、２０１８年に延期された。その

ため、1号機と2号機の打ち上げ時期が逆転したものである。

測位については、多数の装備品にＧＰＳ受信端末を搭載し、精度の高い自己位置の測定やミサイルの誘導精度の向上など、高度な部隊行動を支援する重要な手段として活用している。これに加え、２０１８年11月より、内閣府の準天頂衛星システムのサービスが開始されたことから、準天頂衛星を含む複数の測位衛星信号の利用により冗長性を確保することとしている。

■宇宙利用の優位を確保するための能力の強化

人工衛星の活用が、安全保障の基盤として死活的に重要な役割を果たしている一方で、一部の国が、多種多様な対衛星兵器（ＡＳＡＴ）・手段の開発を進めているとみられていることから、防衛省・自衛隊においても、人工衛星の抗たん性強化は重要であり、その一環として、わが国の人工衛星に対する電磁妨害状況把握装置の導入を進めている。また、電磁波領域と連携して、相手方の指揮統制・情報通信を妨げる能力を構築することとしている。

さらに、早期警戒などミサイルの探知、追尾などの機能に関連する技術動向として、小型衛星コンステレーションが注目を集めている。米国は数百基以上の安価な小型衛星を打ち上げて、通信・測位・偵察・宇宙状況監視・ミサイル追尾などを行う「国防宇宙アーキテクチャー」計画を進めており、現在、技術実証衛星の打ち上げに向けた準備を進めている。

防衛省としては、各国が開発・配備を進める極超音速滑空兵器（ＨＧＶ）を早期に探知・追尾する手段として、衛星コンステレーションを用いた宇宙からの赤外線観測が有効である可能性があるほか、通信測位などの分野でも衛星コンステレーションの活用により大きな効果が期待できると考えている。その上で、米国との協力も念頭におきつつ防衛分野での衛星コンステレーションの活用のあり方について全省的な検討を行うため、２０２１年９月に防衛副大臣を議長とする「衛星コンステレーションに関するタスクフォース」を設置し議論を進めることとした。あわせて、２波長赤外線センサーの研究による技術的な知見の蓄積、及び高感度広帯域の赤外線検知素子などの将来のセンサーの研究を推進することとしている。

■関係機関や米国などの関係国との連携強化

わが国の宇宙安全保障及び宇宙空間の持続的かつ安定的な利用を確保するためには、同盟国や友好国などと戦略的に連携しつつ、スペースデブリ対策などを含めた包括的な観点から、実効的なルール作りに一層大きな役割を果たすとともに、各国に宇宙空間における責任ある行動を求めていくことが必要である。

同時に、誤解や誤算によるリスクを回避すべく、関係国間の意思疎通の強化及び宇宙空間における透明性・信頼醸成措置（ＴＣＢＭ）の実施の重要性を発信していくことが必要である。

また、防衛省が宇宙開発利用を効果的に推進していくためには、先進的な知見を有するＪＡＸＡなどの国内関係機関や米国などの関係国との協力を進めていくことが不可欠である。

米国との間では、宇宙分野における日米防衛当局間の協力を一層促進する観点から、２０１５年４月に「日米宇宙協力ワーキンググループ（ＳＣＷＧ）」を設置し、これまでに数回の会合を開催している。引き続き、①宇宙に関する政策的な協議の推進、②情報共有の緊密化、③専門家の育成・確保のための協力、④机上演習の実施など、幅広い分野での検討を一層推進していくこととしている。

ウ　新「国家安全保障戦略」などに基づく宇宙空間に関する今後の取組み

（ア）安全保障関連3文書の位置付け

わが国では２０２２年12月16日、岸田文雄政権下において安全保障関連3文書が新たに発出された。

「国家安全保障戦略（ＮＳＳ）」は、国際社会の時代を画する変化に直面し、２０１３年12月に策定された同戦略を廃止して改定された。

これまでの「防衛計画の大綱」は、それに代わり、我が国の防衛目標、防衛目標を達成するためのアプローチ及びその手段を包括的に示すため、「国家防衛戦略」として初めて策定された。

また、従来、「防衛計画の大綱」に基づき、爾後5か年を対象として策定されてきた「中期防衛力整備計画」は、「国家防衛戦略」の策定に伴い、名称を「防衛力整備計画」として新たに設けられた。

日本の安全保障関連3文書と米国との比較

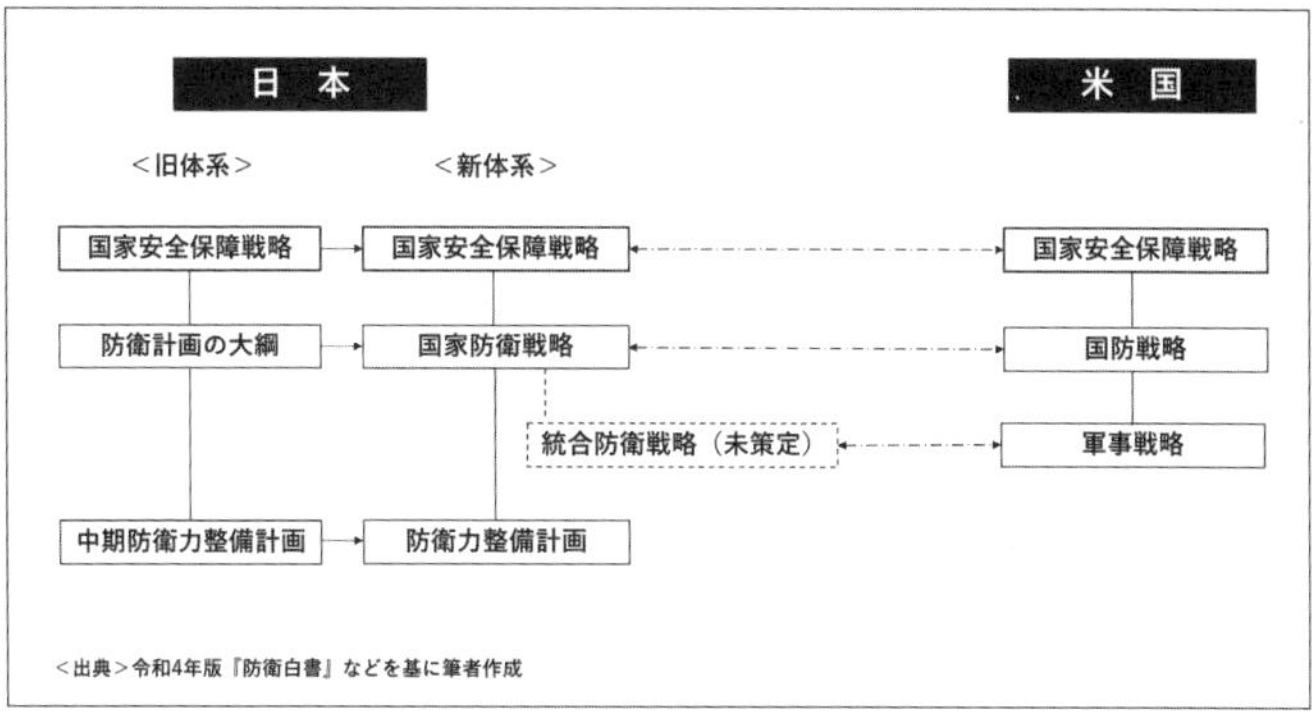

〈出典〉令和4年版『防衛白書』などを基に筆者作成

「防衛力整備計画」では、5年後の2027年度までに、我が国への侵攻が生起する場合には、我が国が主たる責任をもって対処し、同盟国等の支援を受けつつ、これを阻止・排除できるように防衛力を強化するとし、概ね10年後までに、防衛力の目標をより確実にするために更なる努力を払い、より早期かつ遠方で侵攻を阻止・排除できるように防衛力を強化する、とされている。

以上述べた新安全保障関連3文書の位置付けを、旧3文書や米国のそれと比較すれば、上図の通りである。

（イ）「国家安全保障戦略」（2022年12月16日国家安全保障会議・閣議決定）

新国家安全保障戦略は、Ⅵ・2・(4)「我が国を全方位でシームレスに守るための取組の強化」・ウ項で「宇宙の安全保障に関する総合的な取組の強化」について記述している。

その中で、経済・社会活動にとって不可欠な宇宙空間の安全かつ安定した利用等を確保するため、宇宙の安全保障の分野での対応能力を強化するとしている。

具体的には、自衛隊、海上保安庁等による宇宙空間の利用を強化しつつ、宇宙航空研究開発機構（ＪＡＸＡ）等と自衛隊の連携の強化など、我が国全体の宇宙に関する能力を安全保障分野で活用するための施策を進める。

また、不測の事態における政府の意思決定に関する体制の構築、宇宙領域の把握のための体制の強化、スペースデブリへの対応の推進、相手方の指揮統制・情報通信等を妨げる能力の整備の拡充、国際的な行動の規範策定を含む同盟国・同志国等との連携の強化を進める。

さらに、我が国の宇宙産業を支援・育成することで、衛星コンステレーションの構築を含め、我が国の民間の宇宙技術を我が国の防衛に活用する。そして、それが更に我が国の宇宙産業の発展を促すという好循環を実現する。このような宇宙の安全保障の分野の課題と政策を具体化させる政府の構想を取りまとめた上で、それを宇宙基本計画等に反映させることとしている。

（ウ）「国家防衛戦略」（２０２２年12月16日国家安全保障会議・閣議決定）

防衛計画の大綱に代わり初めて策定された国家防衛戦略は、Ⅳ「防衛力の抜本的強化に当たって重視する能力」・４項で「領域横断作戦能力」について記述し、それに基いて宇宙領域での強化方向について下記のように述べている宇宙・サイバー・電磁波の領域及び陸・海・空の領域における能力を有機的に融合し、相乗効果によって全体の能力を増幅させる領域横断作戦により、個別の領域が劣勢である場合にもこれを克服し、我が国の防衛を全うすることがますます重要になっている。

宇宙領域においては、衛星コンステレーションを含む新たな宇宙利用の形態を積極的に取り入れ、情報収集、通信、測位等の機能を宇宙空間から提供されることにより、陸・海・空の領域における作戦能力を向上させる。同時に、宇宙空間の安定的利用に対する脅威に対応するため、地表及び衛星からの監視能力を整備し、宇宙領域把握（ＳＤＡ）体制を確立するとともに、様々な状況に対応して任務を継続できるように宇宙アセットの抗たん性強化に取組む。このため、２０２７年度までに、宇宙を利用して部隊行動に必要不可欠な基盤を整備するとともに、ＳＤＡ能力を強化する。今後、おおむね10年後までに、宇宙利用の多層化・冗長化や新たな能力の獲得等により、宇宙作戦能力を更に強化する。

また、宇宙・サイバー・電磁波の領域において、相手方の利用を妨げ、又は無力化するために必要な能力を拡充していくこととしている。

（エ）「防衛力整備計画」（２０２２年12月16日国家安全保障会議・閣議決定）

中期防衛力整備計画に代わり対象期間を10年に拡大して策定された防衛力整備計画は、Ⅱ・４「領域横断作戦能力」・(1) 項で「宇宙領域における能力」について次のように記述している。

スタンド・オフ・ミサイルの運用を始めとする領域横断作戦能力を向上させるため、宇宙領域を活用した情報収集、通信等の各種能力を一層向上させる。具体的には、米国との連携を強化するとともに、民間衛星の利用等を始めとする各種取組みによって補完しつつ、目標の探知・追尾能力の獲得を目的とした衛星コンステレーションを構築する。また、衛星を活用した極超音速滑空兵器（ＨＧＶ）の探知・追尾等の対処能力の向上について、米国との連携可能性を踏まえつつ、必要な技術実証を行う。さらに、増大する衛星通信の需要に対応するため、従来のＸバンド通信に加え、より抗たん性の高い通信帯域を複層化する取組を進める。

宇宙領域の安定的利用に対する脅威が増大する中、宇宙領域への対応として、相手方の指揮統制・情報通信等を妨げる能力を更に強化する。また、平素からの宇宙領域把握（ＳＤＡ）に関する能力を強化するため、２０２６年度に打ち上げ予定の宇宙領域把握衛星の整備に加え、更なる複数機での運用についての検討を含めた各種取組みを推進する。さらに、我が国の衛星を含む宇宙システムの抗たん性を強化するため、準天頂衛星を含む複数の測位信号の受信や民間衛星等の利用を推進しつつ、衛星通信の抗たん性技術の開発実証に着手する。

諸外国との協力について、米国等と宇宙領域把握に係る情報共有を推進するほか、高い抗たん性を有する通信波を多国間で共同使用するなどの連携強化を推進する。

宇宙領域に係る組織体制・人的基盤を強化するため、宇宙航空研究開発機構（ＪＡＸＡ）等の関係機関や米国等の同盟国・同志国との交流による人材育成を始めとした連携強化を図るほか、関係省庁間で蓄積された宇宙分野の知見等を有効に活用する仕組みを構築するなど、宇宙領域に係る人材の確保に取組むとしている。

2　宇宙開発利用及び宇宙戦の組織・体制

（1）「国家安全保障戦略」に基づく政府全体の組織・体制

政府は、２００８（平成20）年に「宇宙基本法」を制定し、それに基づき、宇宙開発利用に関する施策を総合的かつ計画的に推進するため、内閣に「宇宙開発戦略本部」を設置した。同本部では、宇宙開発利用の推進に関する基本的な方針、宇宙開発利用に関し政府が総合的かつ計画的に実施すべき施策等を定める宇宙基本計画の閣議決定案の作成等を行っている。そして、２０２０年6月には、宇宙政策を巡る環境の変化や前掲のＮＳＳ２０１３を踏まえ、新たな「宇宙基本計画」が決定された。

なお、宇宙開発戦略本部の設置に先立ち、２００１（平成13）年の中央省庁再編に伴い、内閣官房に内閣情報官を設置するとともに、情報収集衛星の開発・運用、情報収集・分析を行う組織として「内閣衛星情報センター」が設置されている。

宇宙開発戦略本部は、内閣総理大臣を本部長とし、副本部長には内閣官房長官と宇宙政策担当の

日本の宇宙開発戦略体制（その1）

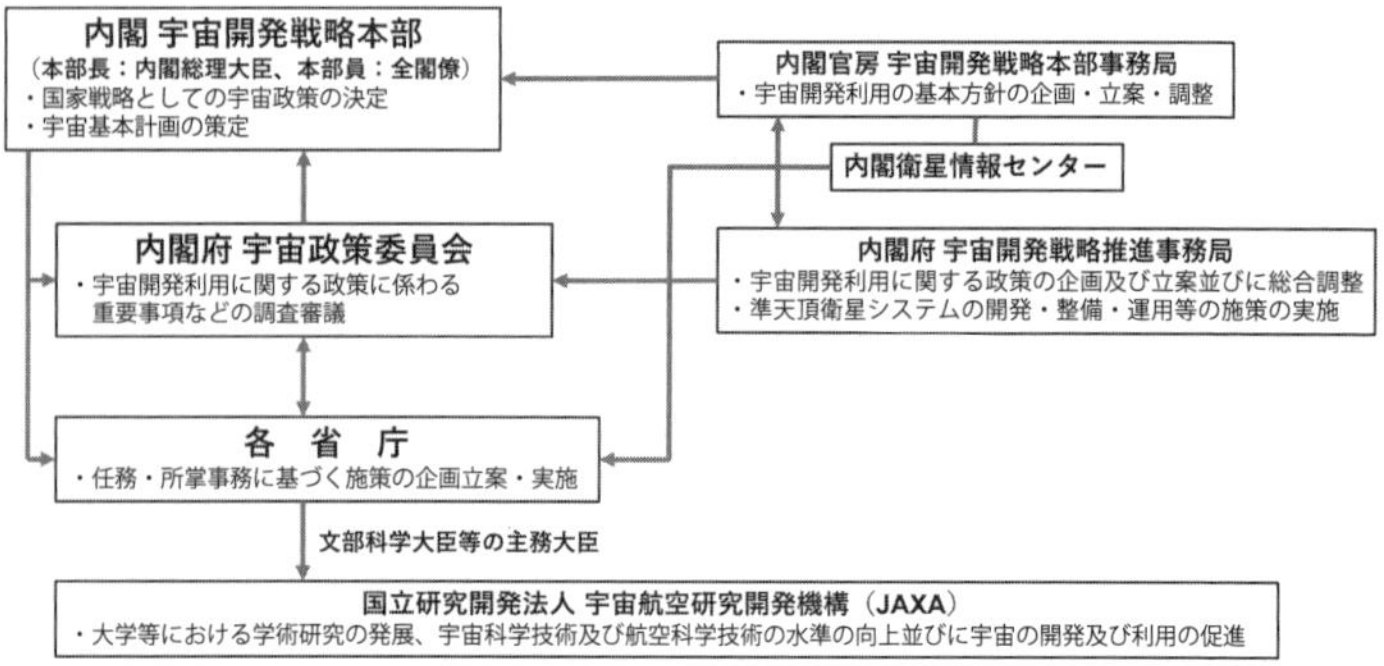

〈出典〉各種資料を基に筆者作成

内閣府特命担当大臣を当て、本部員は本部長及び副本部長以外の全ての国務大臣をもって構成されている。

　内閣府には、内閣府設置法に基づき、宇宙開発利用に関する政策の重要事項などを調査審議するため、「宇宙政策委員会」が設置されている。また、宇宙開発利用に関する政策の企画及び立案並びに総合調整、準天頂衛星システムの開発・整備・運用等の施策の実施等を担当するため、「宇宙開発戦略推進事務局」が設置されている。

　他方、大学等における学術研究の発展、宇宙科学技術及び航空科学技術の水準の向上並びに宇宙の開発及び利用の促進を図ることを目的として、「国立研究開発法人宇宙航空研究開発機構（ＪＡＸＡ）法」（２００２（平成14）年制定）に基づき、「国立研究開発法人宇宙航空研究開発機構（ＪＡＸＡ）」が設置されている。その主務大臣等は、文部科学大臣等の関係閣僚である。

　なお、宇宙の開発及び利用には、人工衛星等（等とは、人工衛星及びその打ち上げ用ロケットをいう）の開発、打ち上げ、追跡及び運用並びにこれらに関連する業務が含まれる（ＪＡＸＡ法第２条「定義」及び第４条「機構の目的」）。

新「宇宙基本計画」（２０２０年６月）では「自立した宇宙利用大国」を目指すとし、「我が国の宇宙政策の目標」を示して、それを達成するため、各省庁の任務及び所掌事務に基づいて具体的アプローチ（主な取組み）を分担する仕組みを採っている。

我が国の宇宙政策の目標には、「多様な国益への貢献」と「産業・科学技術基盤を始めとする我が国の宇宙活動を支える総合的基盤の強化」の二つを挙げ、多様な国益への貢献については、さらに、①宇宙安全保障の確保、②災害対策・国土強靱化や地球規模課題の解決への貢献、③宇宙科学・探査による新たな知の創造及び④宇宙を推進力とする経済成長とイノベーションの実現の四つの具体的目標を掲げている。

その中の①「宇宙安全保障の確保」という目標に関する具体的アプローチ（主な取組み）について見ると、次頁の図に示す通りであり、例えば、防衛省は、「準天頂衛星システム、Ｘバンド防衛衛星通信網、即応型小型衛星システム、各種商用衛星等の利活用、早期警戒機能等、海洋状況把握、宇宙状況把握、宇宙システム全体の機能保証強化、同盟国・友好国等と戦略的に連携した国際的なルール作り」を担当するというやり方である。

この間、わが国では、宇宙基本計画や宇宙基本法の基本理念に則り、わが国の宇宙開発利用の進展に対応していくため、次頁の図のような立法措置が講じられている。

日本の宇宙開発戦略体制（その２）

府　省	「宇宙安全保障の確保」に関する具体的アプローチ（主な取組）
内閣官房	情報収集衛星、即応型小型衛星システム、海洋状況把握、宇宙システム全体の機能保証強化
内閣府	準天頂衛星システム、即応型小型衛星システム、早期警戒機能等、海洋状況把握、宇宙状況把握、宇宙システム全体の機能保証強化、同盟国・友好国等と戦略的に連携した国際的なルール作り
総務省	宇宙システム全体の機能保証強化、
外務省	準天頂衛星システム、海洋状況把握、宇宙状況把握、宇宙システム全体の機能保証強化、同盟国・友好国等と戦略的に連携した国際的なルール作り
文部科学省	準天頂衛星システム、宇宙状況把握、宇宙システム全体の機能保証強化、
経済産業省	宇宙システム全体の機能保証強化、資源探査センサー（ハイパースペクトルセンサー）
国土交通省	海洋状況把握、宇宙システム全体の機能保証強化（気象庁）
防衛省	準天頂衛星システム、Xバンド防衛衛星通信網、即応型小型衛星システム、各種商用衛星等の利活用、早期警戒機能等、海洋状況把握、宇宙状況把握、宇宙システム全体の機能保証強化、同盟国・友好国等と戦略的に連携した国際的なルール作り
環境省	宇宙システム全体の機能保証強化

〈出典〉宇宙基本法、宇宙基本計画（令和２年６月30日閣議決定）等に基づき筆者作成

法　律　名		施　行　月
宇宙活動法	人工衛星等の打ち上げ及び人工衛星の管理に関する法律	2017年11月一部施行 2018年11月本施行
衛星リモセン法	衛星リモートセンシング記録の適正な取扱いの確保に関する法律	2017年11月
宇宙基本法	（宇宙開発利用に関し、基本理念及びその実現を図るために基本となる事項を定めた法律）	2021年９月
宇宙資源法	宇宙資源の探査及び開発に関する事業活動の促進に関する法律	2021年12月

（２）宇宙戦のための防衛省・自衛隊の組織・体制

防衛省は２０２０年５月、宇宙領域専門部隊を強化するため、航空自衛隊に自衛隊初の宇宙作戦隊を編成した。それに引き続き、宇宙作戦指揮所運用隊を新編するとともに、各部隊の上級部隊として宇宙作戦群が２０２１年度に新編された。そして、２０２２年度に、同群隷下に第１宇宙作戦隊、第２宇宙作戦隊及び宇宙システム管理隊（仮称）が編

「航空宇宙自衛隊」の宇宙領域に係る組織

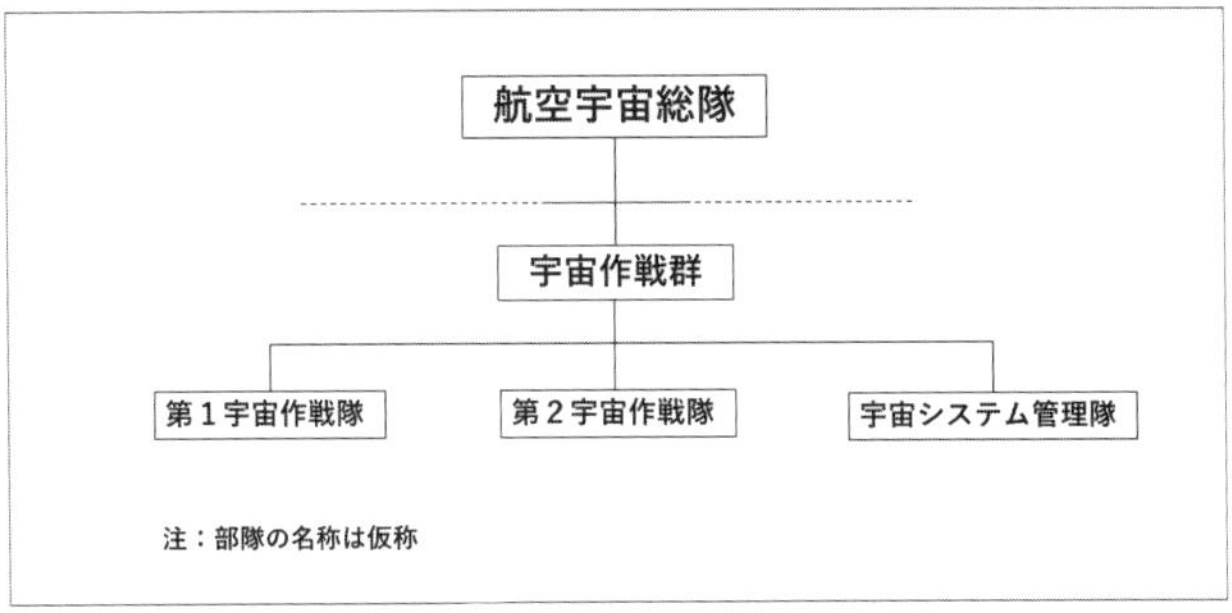

〈出典〉各種資料を基に筆者作成

成された。

このうち、第1宇宙作戦隊（仮称）（府中）はＳＳＡシステムの運用を担当し、空自防府北基地レーダー地区に整備中の宇宙状況監視レーダーの遠隔運用も行う。また、第2宇宙作戦隊（仮称）（防府北）は、電磁波妨害状況把握装置の運用に向けた態勢構築を行うこととしている。さらに、空自において、２０２６年度までの打ち上げを目標とするＳＳＡ衛星（宇宙設置型光学望遠鏡）などの導入にかかる取組みを進めている。

なお、航空自衛隊は、ＮＳＳ２０２２において、航空防衛力や宇宙作戦能力などを強化して航空優勢や宇宙利用の優位性を確保し得る体制を整備することにより、「航空宇宙自衛隊」とすることが示された。航空宇宙自衛隊への改組は、２０２７（令和9）年度までには行われる予定である。

空自がＳＳＡシステムを効果的に運用し、ＳＳＡの精度を向上するためには米国との連携が不可欠であり、米国との情報共有に係わる事項の具体化を進めるほか、米軍が主催する宇宙状況監視多国間机上演習「グローバル・センチネル」及び宇宙安全保障に関する多国間机上演習「シュリーバー演習」への参加を継続するとともに、米カリフォルニア州にある「米国宇宙コマンド多国間宇宙調整所」への自衛官の派遣などの取組みを推進している。

さらに、日米両政府は２０２３年１月、ワシントンで外務・防衛担当閣僚協議（２プラス２）を開き、相手のミサイル発射拠点をたたく「反撃能力」に関し日米が共同で対処することを確認するとともに、米国の対日防衛義務を定めた日米安全保障条約５条の適用対象を宇宙空間に拡大する方針とすることで一致した。米国は、中国などからの宇宙空間における攻撃に対し、日本が運用する人工衛星などを防護することになる。

また、官民横断的な人材交流を通じ、ＳＳＡ分野における中核的人材の育成及び活用を図っている。

さらに、ＳＳＡにかかる能力構築や将来的な能力強化のため、フランスやオーストラリアなどとの二国間・多国間協力などを推進している。

3　宇宙領域の利用にかかる関係国との協力

(1) 同盟国・米国との協力・連携の重要性

我が国は、前述の通り、日本の「非武装（非軍事）化・弱体化」を基本方針とした占領政策や敗戦による軍事忌避などが災いして宇宙開発の後塵を拝する宇宙後発国であることから、米中露の宇宙大国に比べれば、宇宙小国と言わざるを得ない。そのため、現状では日本の宇宙戦能力は限られており、それを補完し中露などの脅威に対抗するには、同盟国である米国との協力連携が欠かせない。

また、国際社会においては、一国のみでの対応が困難な安全保障上の課題が広範囲で多様化しており、宇宙及びサイバーといった新たな領域の利用の急速な拡大は、これまでの国家の安全保障のあり方を根本から変えるため、国際的なルールや規範作りが安全保障上の課題となっている。

防衛省・自衛隊は、同盟国・米国を中心に、友好国や関係国と情報共有、協議、演習、能力構築支援などを通じて協力・連携を強化することにより、宇宙領域及びサイバー領域における優位性を早期に獲得するとともに、国際的な規範の形成にかかる取組みを推進することが重要である。

（２）宇宙領域の利用にかかる協力

ア　米国との協力・連携

　米国との宇宙領域にかかる協力としては、２００９年11月の日米首脳会談において、日米同盟深化の一環として、宇宙における安全保障協力の推進に一致したことを受けて、２０１０年９月に関係省庁が参加して安全保障分野の第１回日米宇宙協議を実施するなど、今後の日米協力のあり方についての協議を定期的に行っている。

　また、２０１２年４月の日米首脳会談において、民生及び安全保障上の宇宙に関するパートナーシップの深化並びに宇宙に関する包括的対話の立ち上げで一致したことを受けて、２０１３年３月に関係省庁が参加して第１回包括的日米対話を実施するなど、両国の宇宙政策に関する情報交換や今後の協力についての議論を定期的に行っている。

　さらに、２０１５年４月の日米防衛相会談における指示に基づき、宇宙分野における日米防衛当局間の協力を一層促進する観点から、「日米宇宙協力ワーキンググループ（ＳＣＷＧ）」を設置し、同年10月以降計数回の会合を開催した（直近の会合は２０２１年３月に実施）。引き続き、本ワーキンググループを活用して、①宇宙に関する政策的な協議の推進、②情報共有の緊密化、③専門家の育成・確保のための協力、④机上演習の実施など、幅広い分野での検討を一層推進していくこととしている。

　２０２１年５月には、ディキンソン米宇宙コマンド司令官が岸防衛大臣を表敬するとともに、統幕長・空幕長と会談し、宇宙空間における脅威や、宇宙空間の安定的な利用の確保の重要性、及び宇宙状況監視（ＳＳＡ）を含む日米防衛当局間の協力について意見交換を行い、宇宙領域における日米同盟のさらなる強化に向けて協力を加速させていくことで一致した。

アクションレベルでは、前述の通り、自衛隊は２０１９年以降、米軍が主催する「宇宙参謀長等会議」に参加し、宇宙政策にかかる意見交換を実施するとともに、宇宙状況監視多国間机上演習「グローバル・センチネル」及び宇宙安全保障に関する多国間机上演習「シュリーバー演習」に参加し、多国間における宇宙空間の脅威についての認識の共有やＳＳＡにかかる協力、宇宙システムの機能保証にかかる知見の蓄積に努めている。また、２０２１年８月には、米国のスペース・ファウンデーションが主催する「宇宙シンポジウム」に航空幕僚長が参加し、宇宙政策に関する意見交換を実施した。

イ　米国以外との協力

米国以外との協力についても防衛省・自衛隊は取組んでおり、オーストラリアとは安全保障分野における日豪宇宙協議を開催し、宇宙政策にかかる意見交換を実施している。

フランスとは２０１５年３月、日仏「２＋２」において、宇宙分野での両国政府間対話を強化することについて合意したことを受け、日仏包括的宇宙対話の立ち上げを決定した。２０１７年３月の第２回日仏包括的宇宙対話では、日仏間のＳＳＡ協力を強化するため、「日本国の権限のある当局とフランス共和国国防大臣との間の宇宙状況把握にかかる情報共有に関する技術取決め」に署名し、具体的に協力を促進することで一致した。

さらに、２０２２年1月の日仏「２＋２」においても、サイバー及び重要・新興技術分野における日仏連携を再確認するとともに、宇宙空間における安全及び安全保障上の課題への対処について引き続き緊密に連携していくことで一致した。２０２２年3月には、航空自衛隊が仏航空・宇宙軍主催の多国間宇宙演習（アステリクス２０２２）に初めてオブザーバー参加した。

また、日本と英国は２０２３年3月、宇宙情報の共有、共同訓練、人材交流を含む将来の宇宙協力を促進するため、宇宙での協力協定に署名した。

ドイツ及びカナダにおいても、各国の宇宙関連課程を履修するなど、宇宙要員の養成や関係構築を進めている。

欧州連合（ＥＵ）とは２０１４年5月、日ＥＵ定期首脳協議において、日ＥＵ宇宙政策対話の立ち上げを決定し、これまで数回の協議を行っている。インドとは２０１８年10月の日印首脳会談において、政府間での宇宙対話の立ち上げを決定し、２０１９年3月及び２０２１年11月に実施された日印宇宙対話には防衛省からも参加した。

現在、防衛省・自衛隊が使用している人工衛星

情報収集・警戒監視	• 内閣衛星情報センターの情報収集衛星（10機体制） • JAXA 運用の人工衛星（ALOS-2）からの画像利用 • 船舶自動識別装置（AIS）からの情報利用
通　信	• Xバンド防衛通信衛星「きらめき１・２・３号」 • 米国の軍事通信衛星（WGS）の利用
測　位	• 米国の GPS の利用（装備品に GPS 受信端末を搭載） • 内閣府の準天頂衛星システム「みちびき」の利用
気　象	気象庁提供の気象衛星「ひまわり」からの情報利用
早期警戒	米軍の DSP Satellite や SBIRS などの早期警戒システムとの情報共有

4　宇宙戦の主要手段・兵器システムとその能力

わが国は、列国に比し、「宇宙後発国」であり、それが故に依然として「宇宙小国」でもあることは、繰り返し述べてきた通りである。

防衛省・自衛隊は、これまで、中期防衛力整備計画に基づき、①宇宙空間の安定的利用を確保するための宇宙状況監視（ＳＳＡ）体制の構築、②宇宙領域を活用した情報収集・警戒監視、通信、測位などの各種能力の向上、③電磁波領域と連携して、相手方の指揮統制・情報通信を妨げる能力を含め、平時から有事までのあらゆる段階において宇宙利用の優位を確保するための能力強化に取組んでいる。

なお、現在、防衛省・自衛隊が使用している人工衛星は上記図表の通りである。

そのほか、④宇宙航空研究開発機構（ＪＡＸＡ）などの関係機関や米国などの関係国との連携強化を図るとともに、宇宙領域を専門とする部隊や職種の新設などの体制構築や、宇宙分野での人材育成と知見の蓄積を進めている。

しかし、例えば、眼前の脅威である北朝鮮の核ミサイルへの対処に不可欠な早期警戒情報は、米国のそれに依存している状況であり、我が国自前の宇宙戦能力の現状は、いわゆる「宇宙支援」という初歩的・基礎的段階に止まっていると認識せざるを得ない。

我が国を取り巻く中国やロシア、北朝鮮の脅威に備えるとともに、日米同盟の実効性を高めるためには、列国が保有する「戦力強化」、「宇宙コントロール」そして「宇宙戦力の応用」に至るまでの総合的な能力を保有することが必須条件であり、今後の宇宙戦能力の抜本的強化は、避けて通れない喫緊の課題である。

第5章 宇宙戦から始まる中国の台湾侵攻

1 中国の情報化戦争／智能化戦争と宇宙戦

中国は、既述の通り、米国とロシアの宇宙空間における能力を分析しつつ、自らが掲げる「情報化戦争」、さらに発展型の「智能化戦争」という今後の戦いでは、宇宙戦、中でも宇宙ベース情報が極めて大きな役割を果たすことになると判断している。また、中国軍は、今後の統合作戦が、かなりの距離・空間にわたって、複数の軍種が一体となって作戦するとの認識に至り、広範囲にわたる通信ばかりでなく正確な航法や位置情報、そして伝統的な陸上、海上、航空に加えて宇宙空間にわたる作戦の指揮統制が必要になるとの認識を深めたようである。

そのような認識の下、中国軍は台湾有事などを想定した「情報化条件下の局地戦」を成功裏に実行するのに必要な情報の支援には、宇宙ベースの情報源を含まねばならないとして宇宙戦と情報戦を密接に関連付け、宇宙戦は情報優勢を確立するための中心的手段であるとしている。さらに、中国軍は自軍のための宇宙への自由なアクセスを確保する必要があり、他方、少なくとも、敵に宇宙を自由に使用する能力を与えないようにしなければならないと結論付け、宇宙優勢の確立を通じて情報優勢を獲得し、「情報化戦争」「智能化戦争」における勝利を追求すると見られている。

ディーン・チェン著『中国の情報化戦争／CYBER DRAGON』（原書房）によると、中国は、宇宙戦を「宇宙情報支援作戦」、「宇宙抑止」、「宇宙封鎖」、「宇宙攻撃作戦」そして「宇宙防御作戦」の五つの作戦分野から構成している。

米国は、台湾有事の際の対応を明言しない「曖昧戦略」を採っている。しかし、バイデン大統領は、２０２２年9月18日のＣＢＳテレビ「60ミニッツ」のインタビューなど数次にわたり、「米国は台湾を防衛するか」の問いに「イエス」と答えて踏み込んだ姿勢を強めており、中国の宇宙戦の最大のターゲットが、主敵である米国を念頭においていることに間違いないだろう。

2 宇宙戦から始まる中国の台湾侵攻

(1) 宇宙情報支援作戦

宇宙情報支援作戦には、宇宙戦を構成するあらゆる作戦を支援する重要な任務があり、その役割は、宇宙空間の状況認識、宇宙偵察および監視、ミサイル発射に関する早期警戒、通信およびデータ中継、航法および測位、そして測地、海象および気象を含む地球観測など広範多岐にわたっている。

中国は、「A2/AD」戦略の追求を通じ、軍の統合作戦が進化し宇宙戦力が発展する中で、その作戦地域がインド太平洋地域に拡大し、地上ベースの情報支援基盤がある中国領土からますます遠く離れて行動するにつれて、宇宙ベースの情報支援システムへの依存度を高め、宇宙情報支援作戦の重要性が一段と増大している。

そのため、中国は、第3章第2節に示したように多種多様な機能を持つ人工衛星や有人宇宙ステーションを打ち上げており、宇宙情報支援作戦という情報戦を、すでに平時から始めている。そして、宇宙ベースの情報支援を受け、中国軍は、これから述べる「宇宙抑止」、「宇宙封鎖」、「宇宙攻撃作戦」そして「宇宙防御作戦」を遂行することになる。

（２）宇宙抑止

現在の世界では、宇宙から又は宇宙を通じて得られる情報が、軍事だけではなく政治、経済、外交および一般の社会活動など広範な分野に影響を及ぼしている。

そこで、中国は、自身の強力な宇宙戦能力を誇示し、それを使用する意思と決意を示すことによって、宇宙で得られる情報へのアクセスの喪失と、その結果として生じる甚大な損壊について日米や台湾などの潜在敵国の国家意思決定者に対し衝撃と恐怖を与え、もって敵対行動の防止と、戦争が起きた場合の範囲の限定を狙っている。これが、中国の宇宙抑止の理論であり、中国が宇宙抑止を掲げる狙いである。

この狙いに照らすと、中国の本格的な戦争は宇宙から始まることになる可能性が極めて高い。と言うのも、中国が宇宙攻撃の恫喝を行うことによって、敵対する相手が宇宙システムをリスクに曝されることを恐れ、中国には挑戦しない方が得策であるとの結論に導くように仕向けるものであり、宇宙空間を人質にして中国に危機管理と抑止による利益をもたらそうとする行動であるからだ。

この宇宙抑止について、中国軍は、いわゆる「エスカレーション・ラダー」の理論に沿って、次のような手順で遂行するものとみられる。

まず、平時または危機の初期段階に「宇宙戦部隊と兵器のデモンストレーション」を行って、敵に紛争に至る行動の実行を思い止まらせるために警告を発する。

それによって敵に対して行動の変更を強制できない場合は、弾道ミサイル防衛の実験、対衛星兵器の実働演習、宇宙システムからのリアルタイムの情報支援の展示などの「宇宙軍事演習」を行う。

次の段階的拡大措置として、宇宙抑止の重要な取組みとなる「宇宙戦部隊の配備と増強」へと移行する。これによって万一抑止が失敗した場合でも、自らの作戦準備を進展させるとともに、追加のプラットフォームおよびシステムの展開によって、敵に対し局地的な宇宙優勢を獲得する好機が生まれる。

宇宙抑止の最終段階は、「宇宙兵器の運用」によって敵の宇宙兵器に対しハードキルとソフトキルの両手段を組み合わせた打撃を行って、潜在敵国の国家意思決定者に心理的な動揺を与え、その敵対的行動を思い止まらせることである。このように、中国は、宇宙抑止を宇宙作戦における第一の任務に位置付けており、他の作戦に先駆けて行使する可能性が高い。

（3）宇宙封鎖

宇宙封鎖は、相手が宇宙に侵入し、また宇宙を通じて情報を収集、伝達するのを妨害するものであり、下記のような活動が含まれる。

- 敵の地上宇宙関連施設や宇宙支援機能を遮断・封鎖すること
- 意図的に宇宙デブリの雲を発生させ、あるいは宇宙機雷を配備するなどによって敵の周回衛星の軌道を妨害すること
- 敵の衛星打ち上げの時間帯を妨害して正確な軌道に到達させないこと

・地上管制所と衛星間のデータリンクを妨害・混乱させ、あるいは衛星のセンサーなどに低出力の指向性エネルギー兵器を使って衛星を無能力化させる情報封鎖を行うことなど

このように、中国軍は「宇宙封鎖」の目的達成のために多種多様な手段を駆使するものとみられる。

（4）宇宙攻撃作戦

宇宙攻撃作戦は、敵の宇宙関連アセットを目標にして一連の攻撃作戦を仕掛けるものであり、そのターゲットには極めて重要な戦略的および作戦的な宇宙関連目標、すなわち「要点」が選定され、宇宙優勢および宇宙封鎖にとっても不可欠な作戦とされている。

宇宙攻撃作戦は、奇襲を重視し、敵の統合能力の発揮を妨害することを主眼に、その戦闘システム・オブ・システムズの重要かつ脆弱な目標に対して、敵の予期していない決定的な時期に、ハードキルとソフトキルを混合した方法をもって隠密裏に遂行し、敵を混乱させ、防護を困難にさせる。その中には、最悪の場合、スペースデブリという危険物を大量に宇宙空間にまき散らす「禁じ手」の対衛星ミサイルによる攻撃も含まれることになろう。

ハードキルには、指向性エネルギー兵器（レーザー兵器）、対衛星兵器、宇宙機雷、無人宇宙船や衛星攻撃衛星の対衛星システムなどの手段が用いられる可能性がある。なお、無人宇宙船は、宇宙のみならず、即時全地球攻撃能力の基地として使用されることにも特段の注意が必要である。

ソフトキルでは、「宇宙電子戦および宇宙ネットワーク戦」といった情報戦によって衛星システムを妨害し、混乱させるものと考えられる。

他方、敵の指揮統制中枢や地上の衛星打ち上げサイト及びこれに付随するデータ、地上サイトと衛星間の通信システムなどを含む宇宙関連施設・宇宙支援機能を攻撃することも視野に入れている。その際、陸海空をプラットホームとしたミサイルなどの火力、特殊作戦部隊なども宇宙攻撃作戦の役割を担うとみられる。

（5）宇宙防御作戦

宇宙防御作戦は、自身の宇宙システム（「天空」宇宙ステーションや軌道周回衛星、地上衛星関連施設、関連するデータリンクなど）を敵の宇宙攻撃や地上攻撃から防御し、国家の政経・軍事中枢などの戦略要点・要域を敵の宇宙システムや弾道ミサイルの攻撃から防護するものであり、宇宙情報支援作戦および宇宙攻撃作戦と並行して実施される。

宇宙防御作戦は、パッシブとアクティブの両防御手段を組み合わせて行われる。

パッシブ防御手段には、宇宙システム自体のセキュリティ強化や分散があり、アクティブ防御手段には、衛星が敵の攻撃を感知したら、攻撃を避けるために自ら軌道を変える自律的な機動や敵の対衛星兵器（ASAT）に対するターゲティング、逆に敵が自身の人工衛星を追尾しターゲティングする能力を拒絶するための電波妨害などが含まれる。また、宇宙システムを混乱・抑制するための地上の宇宙支援施設等への攻撃も有効と考えられている。

前掲の『中国の情報化戦争／CYBER DRAGON』によると、中国軍は、イラク戦争（１９９０～91年）で運用された衛星は約70個で、米国に対して戦略情報の90％を提供し、多国籍軍に対して発信された全データの70％を伝達したと推定している。

また、コソボ紛争（１９９８～99年）においてＮＡＴＯ軍は、86機の衛星を運用し、戦場通信の70％を、戦場監視と偵察の80％を、また気象データの１００％をそれぞれ提供し、かつそのことをあらゆる気象条件で１日24時間を通じて実施したと分析している。

これらの宇宙システムは、位置情報などリアルタイムのデータを高精度で継続的に提供したことから、ＮＡＴＯは精密誘導弾の98％を使用してセルビア軍を攻撃することが出来たと記している。

このような分析評価を念頭に、中国軍は、前掲の多種多様な人工衛星や有人宇宙ステーションを打ち上げるとともに、月面基地を建設し、同時に、衛星攻撃衛星や電波妨害装置（ジャマー）、レーザー光線などの指向性エネルギー兵器、最終的には対衛星ミサイルまでも運用して、自軍のための宇宙への自由なアクセスを確保し、敵の同様な能力を拒否することが想定されている。

そのため、前述の通り、中国軍は、台湾への軍事侵攻に当たり、「宇宙情報支援作戦」、「宇宙抑止」、「宇宙封鎖」、「宇宙攻撃作戦」そして「宇宙防御作戦」の五つの作戦分野を巧みに運用した宇宙戦を遂行して対米宇宙優勢を獲得し、短期・激烈な戦い（「Short, Sharp War」）を仕掛け、「情報化戦争」「智能化戦争」における勝利を最大限追求するものと見られる。

3　台湾軍の宇宙戦能力と米軍の対応

台湾は1999年1月、米フロリダ州ケープ・カナベラルから通信衛星「フォルモサット（FORMOSAT、福衛）1号」を打ち上げ、世界33番目の衛星保有国となり、その後も、数次にわたり、米国からの地球観測衛星や気象衛星の打ち上げに成功した。

2019年に創立30周年を迎えた台湾の国家宇宙センター（国家太空中心、TASA）は、2021年から2028年までの10年間で251億台湾元（約1100億円）を宇宙開発に投入し、宇宙技術分野での国家レベルのプロジェクトチームを立ち上げて育成する計画である。

台湾は2023年10月9日、仏領ギアナから仏アリアンスペースの小型ロケット「ベガロケット」に搭載された同国初の国産気象衛星「トリトン（Triton　猟風者）」の打ち上げに成功し、TASAの発表によれば、予定軌道に進入した。

また、台湾は、同国侵攻を狙う中国がインターネット用海底ケーブルの切断に動くことを想定し、自前で多数の低軌道衛星を一体運用する「衛星コンステレーション」を整備する方向で活発に動いている模様である。

ロイター通信のコラム「地政学リスク増大で衛星通信ビジネスに脚光、対応急ぐ台湾」（２０２３年10月8日付）によると、台湾は、英国の人工衛星通信サービスを手がけるワンウェブ（OneWeb）を相手に衛星コンステレーションを整備するための協議を続けており、「台湾のメディアによると、当局はワンウェブと直接話し合っていて、年末までには全土が衛星通信網でカバーされる見通し」と伝えている。

しかし、現状では、台湾が宇宙戦の遂行に要する十分な能力を獲得するには、相当の年月を要するものと見込まれる。

そのため、台湾侵攻における中国軍の宇宙戦の主対象は、前述の通り、同侵攻に介入し、宇宙戦を含めて台湾軍に協力すると見られる主敵の米軍に向けられることになろう。

米宇宙軍宇宙作戦コマンド（ＳＰＯＣ）の次期司令官に指名されたホワイティング中将は２０２３年7月26日、上院軍事委員会で人事承認に関する公聴会に出席した。

そこで、中国の台湾侵攻を想定した場合、宇宙空間ですぐに戦闘が始まる可能性があるかと問われ、「最初の攻撃は、宇宙空間か、サイバー空間で起こり得る。中国は、米軍の統合部隊による宇宙空間の利用を妨げようとするだろう」との見解を示した。さらに、「中国は、米国が軍事的な優位のために宇宙をどう活用しているかを十分に研究した上で、対宇宙の軍事能力を急速に高めている。…宇宙空間は争いのある領域になった」と強調した。

前項で述べたように、中国は台湾侵攻に際し、米軍の介入を阻止すべく「宇宙抑止」を優先・重視し、他の作戦に先駆けて行使する可能性が高い。

抑止に失敗した場合は、「宇宙情報支援作戦」、「宇宙封鎖」、「宇宙攻撃作戦」および「宇宙防御作戦」を織り交ぜつつ継続的に宇宙戦を遂行し、米軍に対する宇宙優勢の獲得に注力するであろう。

一方、米軍の宇宙戦の目的も、中国軍に対して宇宙優勢を獲得することにあり、「宇宙支援」、「戦力強化」、「宇宙コントロール」そして「宇宙戦力の応用」の作戦任務を柔軟かつ総合一体的に遂行して中国軍による宇宙優勢の獲得を阻止し、宇宙空間における中国軍の行動の自由を奪うことに主努力を傾注するであろう。

そのため、中国軍の台湾侵攻に当たっては、まず、サイバー戦とともに、米中の宇宙戦が始まり、熾烈かつ全面的な戦闘に発展するのは必至と見なければならない。

第6章

宇宙戦の国際的課題と今後の日本の宇宙戦能力強化の具体的方策——「宇宙小国」日本はどうする?!

1　宇宙に残された国際的課題

(1)　加速する宇宙の混雑化

宇宙は、宇宙利用国の拡大と衛星打ち上げ及び宇宙ゴミ（SD）の爆発的増加によって混雑化が急激に進み、年々、同空間の狭隘化に拍車を掛けている。

ア　衛星打ち上げの増加

宇宙空間は無限であるといわれるが、その中で、人工衛星や国際宇宙ステーション（ISS）な

加速する宇宙の混雑化（低軌道のデブリ静止画）

〈出典〉JAXA 開発部門「宇宙活動の安全確保」
https://www.kenkai.jaxa.jp/research/debris/debris.html（as of March 30, 2023）

どが周回・活動する軌道は限られており、その軌道が、衛星の打ち上げ増大に伴って急激に混雑化の様相を呈するようになっている。

宇宙利用国は、ＷＷⅡ直後、米ソ２か国に限られていたが、現在、人工衛星の打ち上げ能力を有する国は９か国、自国の衛星を保有する国の数は50か国以上にまで拡大している。

それに伴い、すでに説明した通り、世界では、２０２１年までに約１・３万機の人工衛星が打ち上げられた。２０２１年に世界で打ち上げられた人工衛星の数は１８０９機であるが、この数は、10年前の２０１１年に打ち上げられた数（１２９機）と比較すると14倍になる。

世界における人工衛星の打ち上げは、２０１４年までは平均して年間約１５０基程度であったが、２０１７年から急増し、例えば、２０１９年12月６日時点では８８５９基であったものが、２０２

０年７月19日には９６１１基となり、僅か７か月の間に約７５０基増大している（片岡晴彦（元航空幕僚長）「宇宙産業と宇宙安全保障の連携の動向について」）。

今後、軍官民ともに衛星コンステレーションの構築などの目的で小型衛星や超小型衛星の打ち上げが急増すると見込まれており、宇宙ゴミ（ＳＤ）の増加と相まって、宇宙空間の混雑化が加速するのは避けられない状況である。

なかでも、地球観測衛星等が使用する高度２０００キロ以下の低軌道や通信衛星・気象衛星などが使用する高度約３万６０００キロの静止軌道、ＧＰＳ衛星等が使用する高度約２万キロの12時間周期軌道などのよく使用される軌道が混雑しており、特に、低軌道の高度約７００～１０００キロ付近が一番混雑している。

すでに２００９年、米国の通信衛星イリジウム33号とロシアの軍事用通信衛星コスモス２２５１号が衝突・大破するなど、活動中の衛星が現実に衝突した事例が確認されている。今後、このような事態が多発する可能性が大いに懸念され、宇宙空間の安全利用のため、衛星打ち上げに関する規制や割当などの国際的な取極めの必要性が高まっている。

イ　宇宙ゴミ（ＳＤ）の増加

宇宙空間では、２００７年の中国のミサイルによる人工衛星破壊実験や２００９年には米国とロシアの人工衛星同士の衝突事故が発生した。これに伴い、地球周回軌道上を漂うＳＤが飛躍的に増加し、世界的に注目されるようになった。

また、2021年には国際宇宙ステーション（ISS）のロボットアームにSDが衝突し、5㎜ほどの穴が開く事故が起きたことが報告されている（上記写真）。

SDの発生には、ASATミサイルによる衛星破壊だけでなく、その他の要因が挙げられる。

衛星を打ち上げ分離した後のロケット本体（第2段）、運用の終了や機能喪失によって遺棄された衛星、宇宙ミッション遂行中に手放された工具や手袋などの物質、軌道上の宇宙物体から生じた破片などもSDに含まれる。近年その急増によって地上への落下や宇宙機との衝突などのリスクが高まっている。

米航空宇宙局（NASA）の記事（「スペースデブリと有人宇宙戦」（2021年5月27日））によると、現在、国防省のグローバルな宇宙監視ネットワー

宇宙ごみ（SD）が衝突したISSのロボットアーム

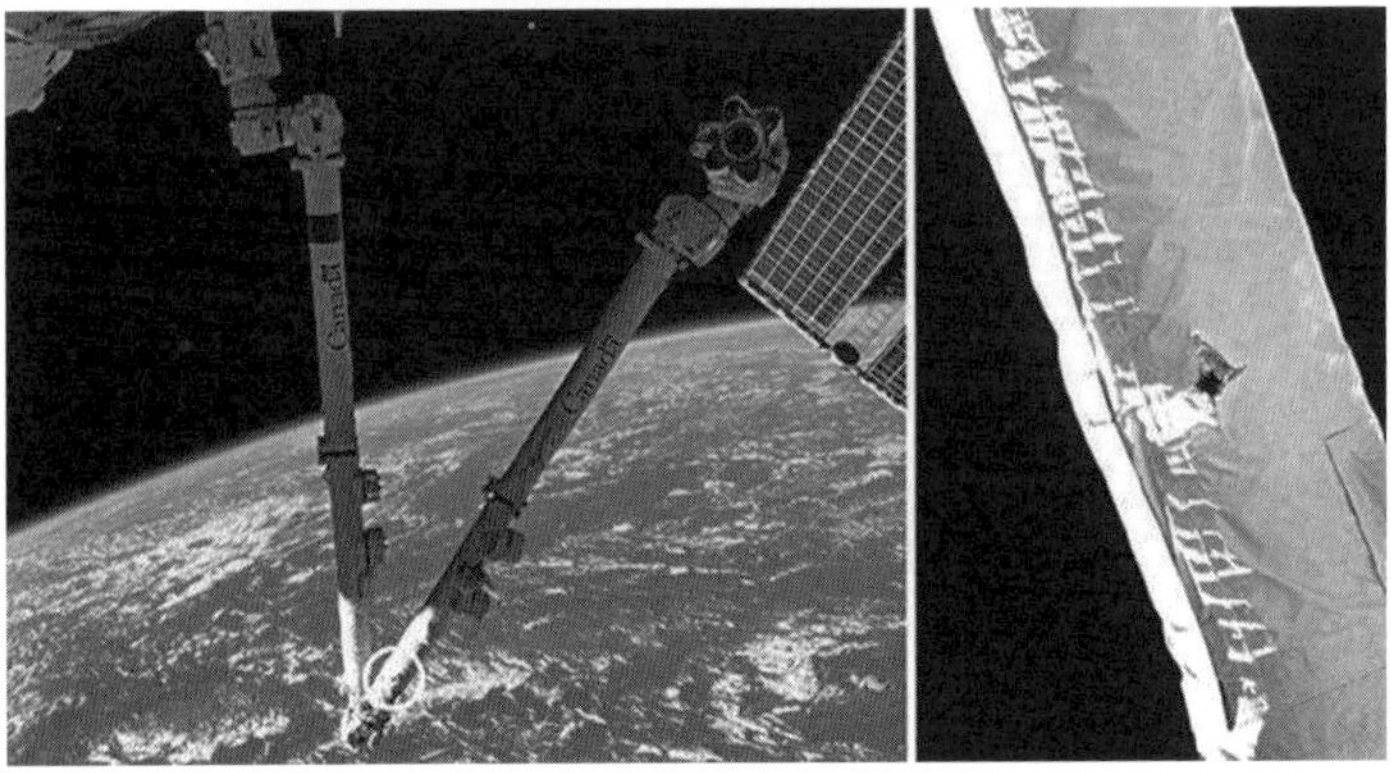

〈出典〉写真：米航空宇宙局及びカナダ宇宙庁、宇宙ごみが衝突したISSのロボットアーム（左写真の丸で囲まれた部分）を拡大すると約5 mmの穴が確認された（右写真）。

地球軌道上にある物体数（月別・種類別）

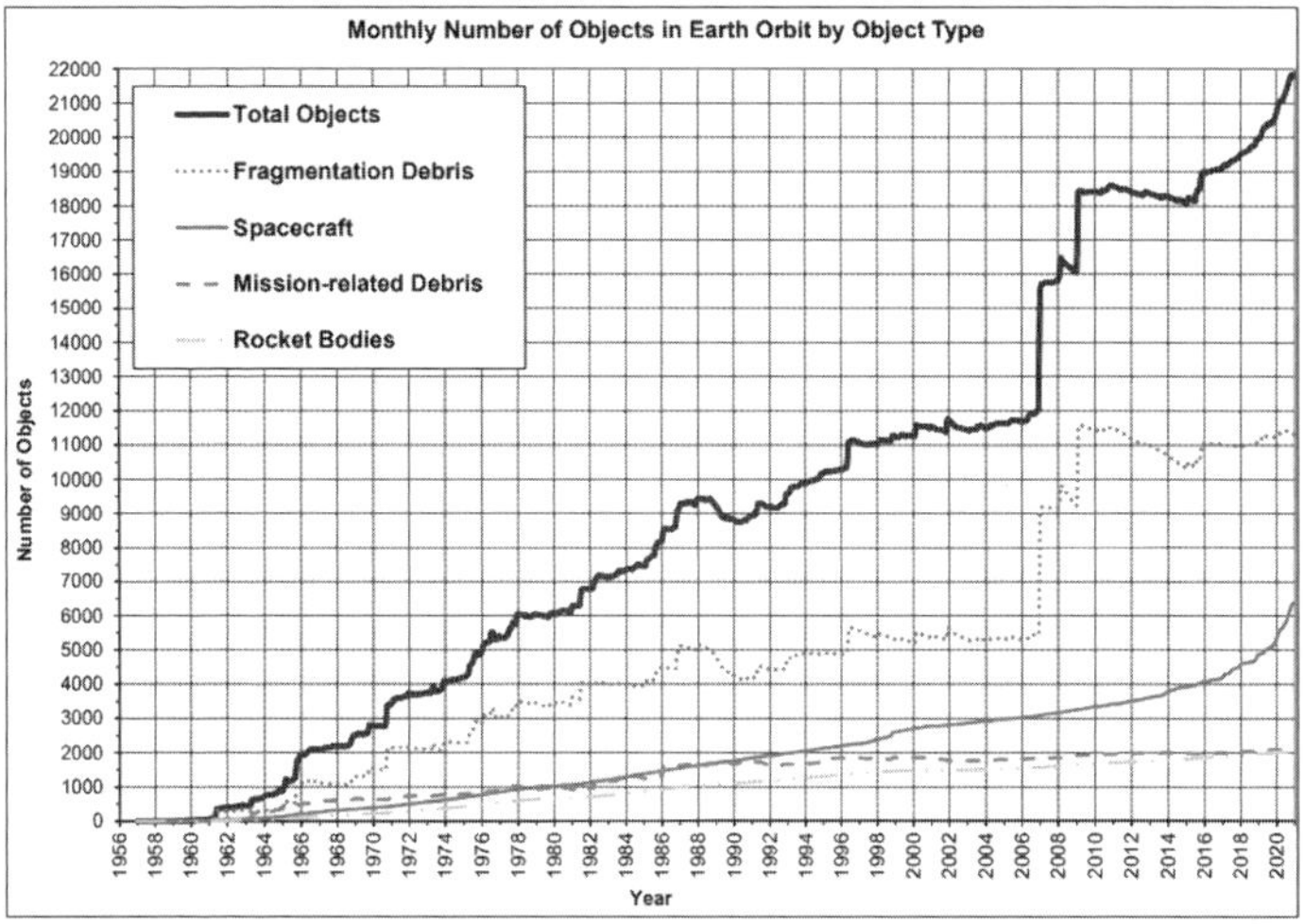

Monthly Number of Cataloged Objects in Earth Orbit by Object Type as of 5 January 2021. This chart displays a summary of all objects in Earth orbit officially cataloged by the U.S. Space Surveillance Network. "Fragmentation debris" includes satellite breakup debris and anomalous event debris, while "mission-related debris" includes all objects dispensed, separated, or released as part of the planned mission.

〈出典〉NASA, "Orbital Debris Quarterly News", Volume 25, Issue 1 February 2021
https://orbitaldebris.jsc.nasa.gov/quarterly-news/pdfs/odqnv25i1.pdf (as of March 29, 2023)

ク（ＳＳＮ）センサーによって２万７０００個を超えるＳＤが追跡されている。

地球を周回するソフトボールよりも大きなＳＤは約２万３０００個、ビー玉（１㎝）以上のＳＤが50万個、１㎜以上のＳＤが約１億個、さらに小さなμｍ（micrometer）サイズ（直径０・０００３９インチ）のＳＤも存在すると報告されている。

そのＳＤの７～８割は、観測衛星や有人宇宙飛行、ＩＳＳ、ＧＰＳ衛星などが周回・活動する地表から２０００キロ以下（地球低軌道）の高度に分布している。

ＳＤの平均速度は、低軌道で秒

速７～８キロであり、ＳＤが衝突する場合には相対速度が秒速10キロ～15キロにもなる。拳銃の弾丸の秒速が数百ｍであるのに比べ、ＳＤは10倍以上の速さとなり、１㎝程度のＳＤでも宇宙機や遊泳中の宇宙飛行士に衝突すれば大きな被害をもたらすことから、ＳＤは人類の宇宙活動にとって大変深刻な脅威となっている。

国際社会が宇宙活動に関する長期的持続可能性（ＬＴＳ）を確保するには、世界各国でＳＤの回収・除去を行う枠組みやこれ以上宇宙ゴミを増やさない努力をすることが重要である。

日本は、国連やＥＵが主導している「宇宙物体の破壊の自制」「衛星衝突回避のための通報・協議のメカニズム」といった宇宙空間における責任ある行動のための国際的な規範作りの動きを積極的に支持しており、アジアで唯一のＩＳＳ参加国として国際公共財としての宇宙の安全性向上のため大いに貢献することが求められている。

（２）宇宙の作戦・戦闘領域化――守られない宇宙空間に係わる国際的取極め

ア　宇宙空間における制度的枠組みとその問題点

第１章で述べた通り、国際社会は、宇宙空間における軍事利用を禁止又は制限する幾つかの国際的な枠組みを既に作っている。

例えば、１９６７年に発効した宇宙条約は、宇宙を「宇宙空間」と「月その他の天体」とに分け、宇宙空間については、「核兵器及び他の種類の大量破壊兵器を運ぶ物体を地球を回る軌道に乗せないこと」、及び「これらの兵器を天体に設置しないこと」「いかなる方法によってもこれらの兵器を宇宙空間に配置しないこと」を厳に定めている。

天体については、「もっぱら平和的目的のために」利用されるものとし、「天体上においては、軍事基地、軍事施設及び防備施設の設置、あらゆる型の兵器の実験並びに軍事演習の実施」を禁止している。

また、同条約第９条「有害な汚染、干渉の防止」では、「宇宙空間の有害な汚染及び地球外物質の導入から生ずる地球の環境の悪化を避けるように…適当な措置を執るものとする」と定めている。

宇宙条約以外では、１９６３年に発効した部分的核実験禁止条約が、宇宙空間における核実験を禁止している。１９７８年に発効した環境改変技術禁止条約は、宇宙空間の構造に変更を加える技術の軍事的使用その他の敵対的使用を禁止している。１９８４年に発効した「月協定」では、「月」を天体と宇宙空間の双方を含む概念と定義した上で、月は「もっぱら平和的目的のために」利用されるものとし、月における武力の行使、武力による威嚇などを禁止した。

さらに、１９７５年に発効した「宇宙物体登録条約（Convention on the Registration of Objects Launched into Outer Space）」では、宇宙に物体を打ち上げた国は、国名や物体の適当な標識又は登録番号、打ち上げの行われた日及び領域又は場所、周期や傾斜角などの基本的な軌道要素、物体の一般的機能について国連（事務総長）に登録することを義務付けている。

しかし今日、このような宇宙空間の平和的利用に関する国際的な法的枠組みが整備されているにもかかわらず、それを守らず形骸化させる動きが強まっている。

これらは、すでに述べて来たとおり、中露のＡＳＡＴ兵器などの開発や、それに伴い米国が指摘する宇宙空間の作戦・戦闘領域化の問題として現れ、そして、ついにこの問題は現実のものとなった。２０２３年10月７日（現地時間）に始まった「ハマス・イスラエル戦争」において、大気圏外で弾道ミサイルが撃墜され、「史上初の宇宙で行われた戦闘」といわれる事態に至ったからであり、このように、今後、宇宙空間が作戦・戦闘領域化の方向へと悪化するのは不可避の情勢である。

宇宙空間を戦場とする軍事的利用で最も懸念されるのは、繰り返し述べたように、衛星を運動エネルギーによって直撃し破壊した際に大量に発生する宇宙物体の破片、すなわち宇宙ゴミ（ＳＤ）の問題である。同時に、人工衛星の打ち上げとＳＤの増大に伴う宇宙の混雑化は、今や宇宙空間の安全利用の上で避けて通れない大きな国際的課題となっている。

天体のなかでも最も地球に近く、また探査が進んでいる月の平和的目的のための利用を定めた月協定については、その締約国が主要な宇宙活動国を含まない13か国に留まっているため、今後、本条約を蔑ろに軍事基地として利用される可能性もあり大いに心配される。

また、宇宙物体登録条約は、宇宙物体の識別を明らかにし、打ち上げられた宇宙物体によって引き起こされる損害などについて、打ち上げ国の国際的責任を明確にすることにある。

しかし、いったん打ち上げられた人工衛星が機能を喪失したとして登録を取り消される場合や、打ち上げられたと思われる衛星が、義務に違反して登録されない場合がある。また、登録された軌道上から他の軌道上へ移動している衛星もあり、これは他国が打ち上げた衛星を破壊するための実験であるとも指摘されている。

イ　宇宙活動に関する国際行動規範の検討とその問題点

（ア）ジュネーブ軍縮会議（ＣＤ）における宇宙空間における軍備競争の防止（ＰＡＲＯＳ）

国連のジュネーブ軍縮会議（ＣＤ）では、１９８５年から１９９４年まで「宇宙空間における軍備競争の防止（ＰＡＲＯＳ）」に関する特別委員会が設置され、宇宙条約を補完する新たな条約の作成の必要性、衛星攻撃兵器、対弾道ミサイル・システムの評価などについて議論が行われた。しかし、実質的な成果は得られず、その後、ＰＡＲＯＳに関する特別委員会は設置されていない。

２００８年には中国及びロシアが、宇宙空間への兵器の配置を禁止することを含む「宇宙空間における兵器配置防止条約（ＰＰＷＴ）案」をＣＤに提出した。これを受けて、２００９年に12年ぶりにコンセンサス採択された作業計画では、核兵器用核分裂性物質生産禁止条約（ＦＭＣＴ）、通称カットオフ条約交渉のための作業部会の設置が合意されるとともに、ＰＡＲＯＳについては実質的議論を行うための作業部会の設置が合意された。しかし、採択された作業計画を実施するための作業日程等についての合意が得られず、本交渉に係わる進展は見られなかった。その後、２０１４年にもＰＰＷＴ案がＣＤに提出されたが、結局、採択には至らなかった。

なお、日本は、宇宙空間における軍備競争は防止されるべきであるとの観点から、宇宙における軍備競争の問題に関する様々な論点につき総合的に検討し、CDにおける議論に積極的に参加している。

（イ）宇宙活動に関する国際行動規範の検討とその問題点

■検討の経緯とEU提案の国際行動規範案の概要

前述の通り、近年、宇宙利用国や宇宙ゴミ（SD）などの増加、2007年の中国による衛星破壊（ASAT）実験のような危険な宇宙活動などの問題に対処する必要が生じている。

このようなSD発生の原因となる行為の回避や宇宙物体の破壊の禁止などの重要なテーマに対し、近年、国連宇宙空間平和利用委員会（COPUOS）や国際機関間スペースデブリ調整委員会（IADC）などで議論が進められている。2021年12月には、国連総会において、日英などが共同で提案した「責任ある行動の規範、規則及び原則を通じた宇宙における脅威の低減」決議が採択され、関連する作業部会が2022年から2023年にかけて開催されている。2022年12月には、国連総会において、破壊的な直接上昇型対衛星（DA-ASAT）ミサイル実験を実施しない旨の決議が圧倒的多数で採択された。

また、CDやCOPUOSなどを含む宇宙関連の多国間協議の場で直接的な法的拘束力を有する新たな条約の策定が困難な中、いわゆるソフトロー（法的拘束力なし）の策定により、各国の関連する条約等の適切な履行を確保し、宇宙ガバナンスを構築するとの流れが形成されつつある。

column

ソフトロー（soft law）

非拘束的合意、事実上の合意、行動指針法、即席習慣法ともいう。

国連総会決議、国際裁判所の判決など、条約や国際慣習法のように形式的法源とはいえないまでも国家間合意の存在する証拠となるものであり、一般的法的拘束力はないが形式的法源への生成の可能性を秘めているもの。

形式的法源の形成に困難が伴うことの多い今日、それに代る存在として発展途上国を中心にその法的拘束力を積極的に認めようとする動きもみられる。しかし一方で、このような流動性の強い存在を法源として受入れることに対しては批判も根強い。

〈出典〉ブリタニカ国際大百科事典　小項目事典

国連で形成されたＳＤに関するソフトローには、「ＣＯＰＵＯＳスペースデブリ低減ガイドライン」と「宇宙活動に関する長期的持続可能性（ＬＴＳ）ガイドライン」がある。

前者は、国際機関間スペースデブリ調整委員会（ＩＡＤＣ）の提案に基づき２００７年に作成されたもので、２００２年に作成された「ＩＡＤＣスペースデブリ低減ガイドライン」と類似した構成であるが、内容は簡素化されている。当該ガイドラインは、ＣＯＰＵＯＳにおいてＩＡＤＣスペ

COPUOS スペースデブリ低減ガイドライン（概要）
• 国家メカニズムや独自の適用メカニズムを通して、これらのガイドラインが実行させせることを保証し、最大限可能な範囲で自主的に対策をとることが望ましい。 ①運用中に放出されるデブリの制限、②運用中の破砕の可能性の最小化、③偶発的軌道上での衝突の制限、④意図的破壊活動とその他の危険な活動の回避、⑤ミッション終了後の破砕の可能性の最小化、⑥ミッション終了後に低軌道域に長期的に留まることの制限、⑦ミッション終了後に地球周期軌道域に長期間に留まることの制限 • スペースデブリ低減対策に関係する更に詳細な記述と勧告については、IADC スペースデブリ低減ガイドラインの最新版が参考になる。

〈出典〉内閣府宇宙開発戦略推進事務局「スペースデブリ対セクの取組について」（平成30年11月13日）を筆者が一部補正
https://www8.cao.go.jp/space/comittee/27-kiban/kiban-dai43/pdf/siryou1.pdf（as of April 1, 2023）

COPUOS と IADC のガイドラインの差異（例）	
COPUOS ガイドライン	IADC ガイドライン
運用を終了した衛星等は管理された方法で軌道から除去すること。それが不可能ならば、低軌道域への長期的滞在を避けることができる軌道に廃棄すること。	運用を終了した衛星等は、軌道を離脱させるか、軌道寿命が短い軌道に移動させる。回収は、もうひとつの廃棄手段。25年が合理的で妥当な寿命制限である。

〈出典〉外務省「スペースデブリに関する国際ルール」（2018年９月５日）を筆者が一部補正
https://www8.cao.go.jp/space/comittee/27-kiban/kiban-dai40/pdf/siryou1-2.pdf（as of April 1, 2023）

ースデブリ低減ガイドラインを支持（エンドース）し、あくまで各国にガイドラインに即した自主的な取組みを促すものである。

そのため、同ガイドラインは、「法の支配（Rule of Law）」を基本とする民主主義国家によって遵守されたとしても、国際法や国際的取極めに従わない中国、ロシア、北朝鮮など「法の支配」と対立する強権主義国家からは拒否されるというジレンマを抱えることになろう。

後者は、ＣＯＰＵＯＳ科学技術小委員会の下に設置された作業部会（ＷＧ）において、ＬＴＧについてのガイドラインを作成することを目指して２０１０年に交渉を開始し、検討されたものである。

WGにおいて、21のLTSガイドラインの内容については一致したが、COPUOSでは支持（エンドース）されず、２０１８年6月にWGの任期（マンデート）の満了に伴い、一たん交渉が終了した。その後、２０１９年、日米加仏の4か国のイニシアティブによって、同ガイドラインが全会一致で採択された。ただし、同ガイドラインは、SD低減や宇宙物体の安全を含む宇宙活動の長期的持続可能な利用を目的とした、加盟国が自主的に実施すべきグッド・プラクティスとして一致したものである。

そのため、同ガイドラインは、「COPUOSスペースデブリ低減ガイドライン」と同じように、中国、ロシア、北朝鮮など「法の支配」と対立する強権主義国家からは無視されるという残念な事態に陥ることになろう。

■日本の立場と取組み

日本は、宇宙ガバナンスの構築を目的としたソフトローの整備が、宇宙活動国間の信頼醸成及び日本の安全保障に貢献し、国際社会の宇宙活動の利益にもなるとの立場を踏まえ、国際行動規範案の基本的な概念や原則を支持している。２０１２年1月には、日本として「EUが主導してきたイニシアティブを歓迎し、本件に関する国際的な議論に積極的に参加する用意がある」旨表明した。

日本は、同行動規範案が実効的かつ普遍的なものとなり、多くの国が同行動規範案に参加できる

21の宇宙活動に関する長期持続可能性（LTS）ガイドライン

Ⅰ　宇宙活動に関する方針及び規制体系

- 宇宙活動に関する国内規制体系の必要に応じた採択、改正及び修正
- 宇宙活動に関する国内規制体系に関し、必要に応じた策定、改正または修正を行う際の複数要素の考慮
- 国内宇宙活動の監督
- 無線周波数スペクトルの衡平、合理的かつ効率的な使用及び衛星によって利用される様々な軌道領域の確保
- 宇宙物体登録の実行強化

Ⅱ　宇宙運用の安全性

- 更新された連絡先の提供及び宇宙物体と軌道上事象に関する情報の共有
- 宇宙物体の軌道データの精度向上並びに軌道情報の共有の実行及び実用性の強化
- スペースデブリ監視情報の収集、共有及び普及の促進
- 制御飛行中の全軌道フェーズにおける接近解析の実行
- 打ち上げ前接近解析に向けた実用的な取組みの確立
- 有効な宇宙天気に関するデータ及び予報の共有
- 宇宙天気モデル及びツールの開発並びに宇宙天気による影響の低減のための確立した実行の収集
- 物理的及び運用面の特徴に関わらない宇宙物体の設計及び運用
- 宇宙物体の非制御再突入に伴うリスクを取り扱う対策
- 宇宙空間を通過するレーザービーム源を使用する際の予防策の遵守

Ⅲ　国際協力、能力構築及び認知

- 宇宙活動の長期的持続可能性を支える国際協力の促進
- 宇宙活動の長期的持続可能性に関する経験の共有及び情報交換のための適切な新たな手続きの作成
- 能力構築の促進及び支援
- 宇宙活動の認知向上

Ⅳ　科学的・技術的な研究開発

- 宇宙空間の持続可能な探査及び利用を支える方法の研究および開発の促進及び支援
- 長期的なスペースデブリの数を管理するための新たな手法の探査及び検討

〈出典〉内閣府宇宙政策委員会　第81回会合（令和元年６月24日）
https://www8.cao.go.jp/space/comittee/dai81/gijisidai.html（as of April 1, 2023）

よう、アジア諸国をはじめ、関係国と密接に協力し意見交換を行っている。

また、２０２３年4月16日から日本（長野県軽井沢）で開催された先進7か国（Ｇ７）外相会合の共同声明（4月18日）で、対衛星兵器の開発を進める中国とロシアを念頭に、「破壊的な直接上昇型ミサイルによる衛星破壊実験を実施しないことにコミットし、他国が後に続くよう促す」と表明し、「平和的で、安全で、安心でき、持続可能な宇宙環境の維持を促進する」よう訴えた。

同Ｇ７の科学技術相会合（仙台市）においても、共同声明（5月13日）をまとめ、「宇宙空間の安全で持続可能な利用を確保する」と明記し、ＳＤを除去する技術開発を巡りＧ７が主導して進めることで合意した。

2　今後の日本の宇宙戦のあり方——日本の宇宙安全保障の抜本的強化に向けた具体的方策

日本の宇宙安全保障は、敗戦に伴う連合国軍の占領政策と、それを克服することなく引き摺ってきた戦後体制下で行われた１９６９年の「宇宙の平和利用決議」などが災いし、２００８年の「宇宙基本法」制定までに「失われた40年」が過ぎ去った。そのため、わが国の宇宙安全保障は、いまだ初歩的段階にあり、「宇宙小国」の地位に甘んじている。

しかし今日、我が国の「国家安全保障戦略」（２０２２年12月策定）によって「最大の戦略的な挑戦」と位置付けられている中国は、情報収集衛星などを大幅に増やすとともに、多種多様な対衛星兵器（ＡＳＡＴ）・手段を開発するなど、宇宙空間における脅威を急速に高めている。また、中国は、宇宙計画に多額の投資を行い、有人宇宙ステーションの運用や地上発射型ミサイルとレーザーの開発、監視能力の強化などに取組んでいる。これらは、日米などを念頭に、自国の宇宙資産へのアクセスの阻止と敵対国の宇宙戦能力の破壊・無力化いう広範囲な軍事目的の一環と見られている。

他方、ウクライナに対する軍事侵攻を行い、核兵器による威嚇や核使用のリスクを高めているロシアは、中国との戦略的な連携と相まって、「安全保障上の強い懸念」材料である。

また、北朝鮮は、核戦力を質的・量的に最大限のスピードで強化する方針であり、ミサイル関連技術等の急速な発展と合わせて考えれば、我が国の安全保障にとって、従前よりも一層「重大かつ差し迫った脅威」となっている。

このような中、軍事のみならず、経済社会活動にとって不可欠な宇宙空間の安全かつ安定した利用等を確保するため、今や宇宙安全保障の分野での対応能力、すなわち宇宙戦能力の抜本的強化は避けて通れない喫緊の課題である。

政府は２０２３年6月13日、宇宙開発戦略本部会合を開き、２０２２年末に策定した「国家安全保障戦略」に基づき、初の「宇宙安全保障構想」を決定した。同構想は、ロシアによるウクライナ侵攻で欧米の民間衛星のデータが軍事作戦に利用されたことを例示し「宇宙利用が軍事的優位性に直結」すると指摘するとともに、中国を念頭に、情報収集衛星を大幅に増やし、衛星攻撃能力の開発を進めている国もあるとして「脅威は急速に拡大」したと危機感を表明した。

その上で、今後10年を目標として、次の諸点を重視するとしている。

・防衛目的の宇宙利用を拡大
・民間技術の活用を推進
・反撃能力（敵基地攻撃能力）の実効性向上のために情報収集態勢を強化
…複数の小型衛星を組み合わせて情報伝達速度を速め、人工知能（ＡＩ）を使って画像分析能力を向上
・米国と共に衛星防衛の取組みを強化
・自衛隊が他国の指揮統制や情報通信を妨害する能力を保持
・防衛省と宇宙航空研究開発機構（ＪＡＸＡ）の連携強化

そこで、我が国を取り巻く国際社会や主要国の動向、そして我が国の宇宙安全保障政策の現状などを踏まえ、日本の宇宙安全保障の抜本的強化に向けた具体策について以下に述べることとする。

(1) 宇宙空間に係わる国際的取極めの強化に向けた働き掛け

国際社会には、すでに宇宙空間の平和的探査・利用を継続する目的で「宇宙条約」をはじめとする5条約と国連総会が採択した四つの原則がある。

また、宇宙条約以外では、「部分的核実験禁止条約」によって宇宙空間における核実験を禁止し、「環境改変技術禁止条約」では、宇宙空間の構造に変更を加える技術の軍事的使用その他の敵対的使用を禁止している。

さらに、宇宙ガバナンスの構築を目的としたソフトロー整備の努力も見られる。

しかしながら今日、宇宙空間は、ロシアと中国のミサイルによる衛星破壊実験や、多種多様な対衛星兵器（ＡＳＡＴ）・手段の開発などによって、宇宙空間の作戦領域化・戦闘領域の懸念が高まり、宇宙空間の脅威が急速に拡大している。

また、宇宙利用国の拡大と衛星打ち上げ及び宇宙ゴミ（ＳＤ）の飛躍的増加に伴う宇宙空間の混雑化が加速する軌道環境の悪化に直面し、その長期的持続可能性（ＬＴＣ）が危機に瀕しつつあり、既存の国際的取極めは、それに対する違反や制度の形骸化及び限界といった問題に直面している。

このように、大量のＳＤの発生は、国際宇宙ステーションを含む宇宙軌道上の資産を危険にさらしており、衛星が攻撃やＳＤに対していかに脆弱であるかは、改めて述べるまでもない。

そして、ＳＤの充満と衛星攻撃によって国際公共財である宇宙空間がひとたび破壊・汚染されれば、その修復は困難を極めることになる。その結果、宇宙を利用する全ての国の活動が困難になるのは言うに及ばず、そのことを深刻に認識し、当該事態に陥ることは何としても回避しなければならない。

ＳＤ低減には、打ち上げ用ロケットの再使用や部品・破片の放出抑制などのＳＤの発生抑制、運用を終了した衛星の回収やＳＤの除去などの積極的なＳＤ削減、宇宙状況把握（ＳＳＡ）や宇宙交通管理（ＳＴＭ）による衝突回避・防護などの対策を日本のみならず国際社会が連携して総合的に強化することが必要である。

その際、「気候変動に関する国際連合枠組条約（ＵＮＦＣＣＣ）」を例に、宇宙先進国が、途上国に配慮しつつ率先してＳＤ低減のための行動をとり、人類の活動によって宇宙空間に危険な影響がもたらされない水準で、同空間の平和的・安定的利用を可能とするような枠組みを創出することも一案である。

最も重要なことは、平時から有事を通して、ＳＤを発生させるＡＳＡＴミサイルやキラー衛星などの運動エネルギーによる攻撃を厳重に禁止することができる、法的拘束力を持ち、真に実効性のある国際的ルールの構築が不可欠である。

国際社会における「法の支配」あるいは「法の支配に基づく国際秩序（an international order based on the rule of law）」の確立を主張する法治国家の日本にとって、国際的ルールの構築は宇宙政策を決定する上での大前提である。現状を放置すれば、宇宙のジャングル化＝無法空間化は避けられない。

そのため、我が国は、国連のＣＤやＣＯＰＵＯＳ、ＩＡＤＣなどの場を通じ、米国やＧ７などの有志国等と緊密に連携し衆知を結集して、宇宙の安定的利用と自由なアクセスを維持するための国際的取極めの強化に向け、これまで以上にその実現に努力すべきである。

（２）総合的な宇宙戦能力の構築――攻撃的宇宙戦（宇宙空間コントロール）能力の保持

ア　領域横断作戦（ＣＤＯ）能力の強化――宇宙戦と他の領域との一体的強化

領域横断作戦（ＣＤＯ）構想は、現代の軍事動向において、主要国の作戦戦略上の基本趨勢となっている。その中で、宇宙戦の位置付けは、次頁の図が示す通り、従来の陸・海・空の領域に加え、サイバーや電磁波領域に対して影響を及ぼし、又、それらから影響を受けるという相関関係にあり、他の領域と一体となった作戦を遂行する「統合」に最大の意義がある。すなわち、ＣＤＯは、前記の六つの全ての領域における能力を有機的に融合し、その相乗効果により全体としての作戦能力を増幅させることであり、死活的に重要であるとの認識が広がっている。

湾岸戦争以降の戦いにおいて、通信・情報衛星と測位衛星の組み合わせなどを利用した宇宙からのサポートによって、従来の陸・海・空戦力の運用における精密度と情報伝達速度などが飛躍的に向上したことが示された。

しかしながら、日本の宇宙安全保障に係る宇宙戦能力の構築は、スタートラインに立ったばかりで、宇宙状況把握（ＳＳＡ）といった最も基礎的な機能の整備に着手した初歩的段階であり、ＣＤＯの目的に寄与するレベルには程遠いのが実情である。

我が国は、２０２２年末に策定した「国家安全保障戦略」をはじめとする戦略３文書で、陸・海・空の領域及び宇宙・サイバー・電磁波の領域における能力を有機的に融合し、その相乗効果に

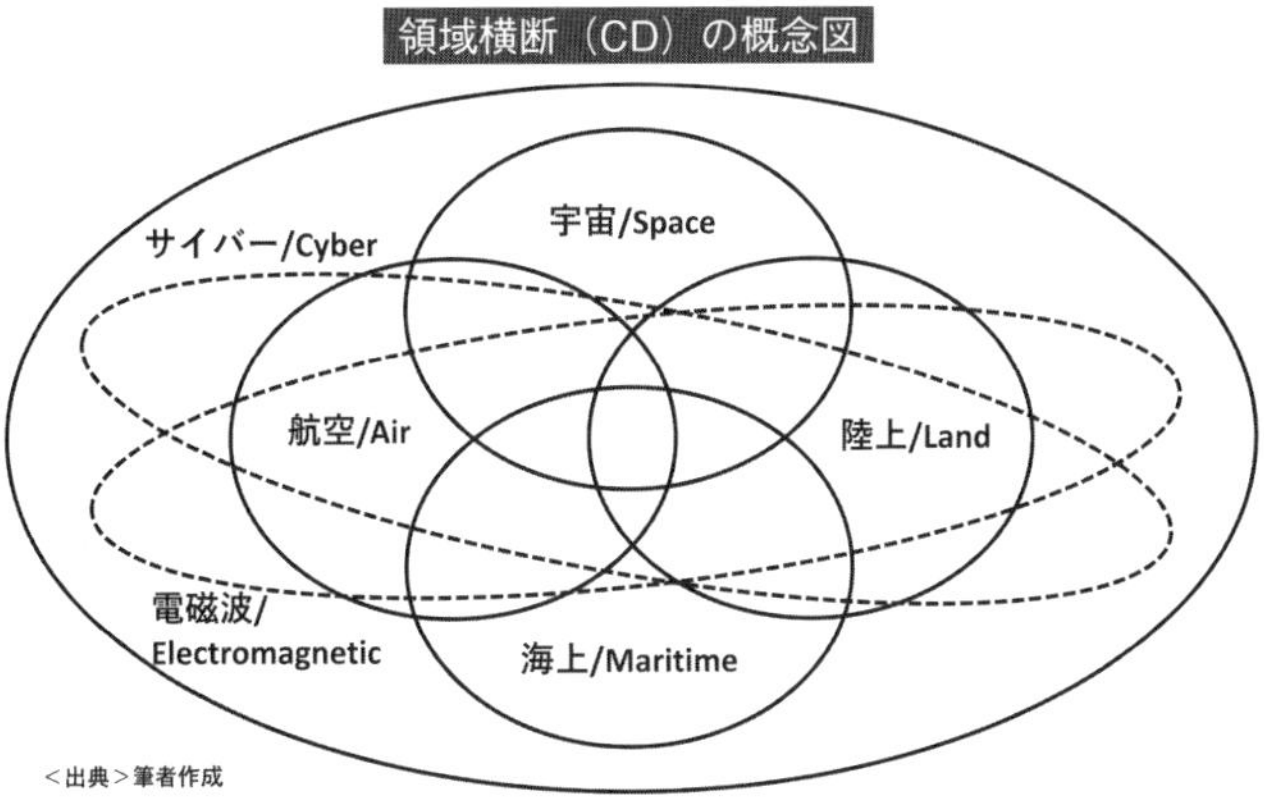

〈出典〉筆者作成

より自衛隊の全体の能力を増幅させるＣＤＯ能力に加え、反撃能力（敵基地攻撃能力）の実効性を高め、極超音速ミサイルなどへの対処力強化を目指している。

そのため、弾道ミサイル発射を早期に探知・追尾し警報を発する早期警戒衛星、Ｃ４ＩＳＲ機能の強化などを目的とした各種通信・偵察衛星、艦艇・航空機の航法や武器システムの精度向上などに利用する測位衛星などを早急に整備し、まずは、他の５領域の能力レベルに急速にキャッチアップすることが喫緊の課題である。その上で、ＣＤＯの全体能力をさらに向上させるため、６領域の能力を関連付けつつ一体的に強化していくことが重要である。

中国とロシアは、他国の衛星に対し、地上から電波妨害できる装置を運用して実際に妨害行為を行うなど、衛星攻撃能力を強化している。それを踏まえ、自衛隊は、有事においても不断の衛星通信機能を維持するため、２０２３（令和５）年３月から米宇宙企業スペースX社が提供する衛星コンステレーション「スターリンク」の高速通信衛星サービスの利用を開始し、運用上の問題がないかを検証して、２０２４（令和６）年度からの本格運用を視野に入れている。

その際、宇宙からの探知・追尾能力の獲得に向け、米国との連携を維持し、また防衛用の通信衛星などを多国間で使い合う米国主導の枠組みに参加するとともに、今後の宇宙安全保障に係る衛星システムを強化し機能を維持するには、多数の小型・超小型人工衛星が一体となって様々な機能を担う、自前の衛星コンステレーションの導入は欠かせない。また、人工知能（ＡＩ）といった最先端技術を活用し、画像分析能力などを向上させるため、我が国では先行した民生や商用の宇宙開発事業との協力も積極的に進めるべきである。

加えて、戦場が宇宙やサイバーなどへ拡大した現代戦では、新領域での能力の優劣が戦いの行方を左右するとの認識が深まっている。そのため、宇宙やサイバーなどの安全保障・防衛の新領域で高度な専門知識や経験を持つ民間人材を特別な処遇で、即戦力の自衛官として採用し、自衛隊の新領域における人的基盤を強化する制度の創設が望まれる。

イ　対宇宙、対地上作戦・戦闘能力の保持

中国は、第３章で述べたとおり、「宇宙情報支援作戦」という宇宙ベースの情報支援の下に、「宇宙抑止」、「宇宙封鎖」、「宇宙攻撃作戦」そして「宇宙防御作戦」の五つの機能を宇宙戦に求め、そ

の遂行能力を急速に強化している。

一方、日本の宇宙戦能力の現状は、前述の通り、宇宙状況把握（ＳＳＡ）だけであり、中国の五つの機能に対処できる宇宙戦能力は皆無に等しい。

本書では、宇宙戦の主要機能として「宇宙支援（space support）」、「戦力強化（force enhancement）」、「宇宙コントロール（space control）及び「宇宙戦力の応用（space force application）」の四つを挙げたが、自衛隊に付与されたＳＳＡの役割は、「宇宙支援」の一部をカバーしているにすぎない。「宇宙支援」に含まれるその他の機能には、人工衛星の打ち上げ及び他の人工衛星への干渉防止・異常時の破砕防止・他の人工衛星等との衝突回避など軌道上にあるシステムの管理、そして運用寿命が尽きるか、見失うか、故障した場合の人工衛星の再打ち上げなどがあるが、我が国におけるその任務はＪＡＸＡが責任を負う役割分担の体制になっている。

このほか、我が国が中国の脅威に対処するには、さらに「戦力強化」、「宇宙コントロール」及び「宇宙戦力の応用」の三つの機能を加えた総合的な宇宙戦能力の構築が不可欠である。特に、宇宙空間における行動の自由を確保し、必要な場合に、宇宙空間における敵の行動の自由を阻止して宇宙優勢（space superiority）を獲得するには、「戦力強化」及び「宇宙コントロール」能力とともに、「宇宙戦力の応用」のうちの、宇宙空間から（from）行う作戦戦闘、すなわち宇宙からの対地攻撃能力を整備することも重要な検討課題である。

（3）米国との相互補完的なシステムの強化——日本はインド太平洋地域を重視

米国は、「国家安全保障戦略」において、戦略対象に中国、ロシア、イラン及び北朝鮮を挙げ、中でも中国が「最も重大な地政学的課題」であるとの認識を示している。そして、中国に対する持続的な競争力を維持する一方で、依然として非常に危険なロシアを抑制することも重視し、「中国を打ち負かし、ロシアを抑制する」との戦略目標を明らかにしている。

そのため米国は、インド太平洋、欧州、中東を焦点とした前方展開戦略による世界関与戦略を基本としており、宇宙戦についても、それに必要なグローバル・コミットメントを可能とする能力を保持している。

一方、日本は、前述の通り、「国家安全保障戦略」において、中国を「最大の戦略的な挑戦」、北朝鮮を「重大かつ差し迫った脅威」、ロシアを「安全保障上の強い懸念」との言葉を用い、安全保障上の脅威対象として明示している。そして、わが国が採るべき戦略的アプローチとして、「日米安全保障体制を中核とする日米同盟は、我が国の安全保障のみならず、インド太平洋地域を含む国際社会の平和と安全の実現に不可欠な役割を果たす」と述べ、インド太平洋地域において日米の協力を具体的に深化させ、日米同盟を強化していくとしている。

その上で、同戦略の「宇宙の安全保障に関する総合的な取組の強化」（2〈4〉ウ項）では、経済・社会活動にとって不可欠な宇宙空間の安全かつ安定した利用等を確保するため、宇宙の安全保障の分野での対応能力を強化する方針を明示している。そのため、「不測の事態における政府の意思決定に関する体制の構築、宇宙領域の把握のための体制の強化、スペースデブリへの対応の推進、相手方の指揮統制・情報通信等を妨げる能力の整備と拡充、国際的な行動の規範策定を含む同盟国・同志国等との連携の強化を進める」とし、同盟国である米国をはじめ、豪、印、比等との宇宙協力イニシアティブを模索すると強調している。

日米両政府は、２０２３年1月の外務・防衛担当閣僚協議（「２＋２」）において、日米安全保障条約第５条を根拠に、米国の対日防衛義務の対象を宇宙空間に拡大することで合意した。宇宙戦が現実化した現代戦に対応することが狙いであり、日本政府も米国の衛星が攻撃された場合に集団的自衛権を行使することも排除しないと説明している。

また、「日米防衛協力の指針（ガイドライン）」（平成27（２０１５）年４月27日）では、日米両国間の安全保障及び防衛協力は、「切れ目のない、力強い、柔軟かつ実効的な日米共同の対応」「日米両政府の国家安全保障政策間の相乗効果」などを強調している。

そして、同ガイドラインは、次のように述べている。

> 日本は、日本の国民及び領域の防衛を引き続き主体的に実施し、日本に対する武力攻撃を極力早期に排除するため直ちに行動する。
>
> 自衛隊は、日本及びその周辺海空域並びに海空域の接近経路における防勢作戦を主体的に実施する。

米国は、日本と緊密に調整し、適切な支援を行う。米軍は、日本を防衛するため、自衛隊を支援し及び補完する。

すなわち、日本の防衛は、日本が主体的に実施し、同盟国の米国は日本を支援し、自衛隊を支援・補完することを基本方針としている。

そのため、日本は、中国、ロシア及び北朝鮮を念頭に、安全保障・防衛の主対象であるインド太平洋（中東からのシーレーンを含む）を地域的焦点とした、当該地域をカバーできる宇宙戦能力を主体的かつ優先的に整備しなければならない。

その上で、米国の宇宙戦能力によってこれを支援し、又補完する共同防衛体制を構築する取組みが必要であり、そのために、米インド太平洋軍隷下の宇宙軍部隊の日本配備を促し、ＳＳＡなどにおける航空自衛隊宇宙作戦群とのリアルタイムの連携体制を整備拡充することが重要である。

他方、木原稔防衛大臣とオースティン米国防長官は２０２３年10月４日（日本時間５日）、ワシントンで会談した。その際、自衛隊と米軍の統合運用に用いる衛星通信網を共同で強化し、様々な高度の衛星を運用して多重の通信基盤を築く方針を確認した。日本が米国と共同して多層・多重の通信網を築けばより靱強で安定的な運用が可能となり、相手の攻撃で特定の衛星が破壊されても大容量の通信を確保できることになる。

このような取組みを進めることによって、日本が必要とする場合、インド太平洋地域外の宇宙戦能力については米国の支援を仰ぐことができ、特に重視するインド太平洋地域では日本と米国の相乗効果によって多層で切れ目のない、力強い、柔軟かつ実効的な宇宙戦を展開する体制が出来上がるのである。

さらに、ＮＡＴＯの東京連絡事務所の開設が検討議題に挙がっているが、欧州諸国と宇宙領域にかかる情報共有などが進展すれば、日米共同に加え、インド太平洋と欧州を繋ぐグローバルな宇宙領域にかかる重厚な協力体制を構築することができるであろう。

（4）宇宙戦に係わる組織規模の拡大——本格的「航空宇宙自衛隊」の創設へ

防衛力整備計画では、「宇宙作戦能力を強化するため、宇宙領域把握（ＳＤＡ）態勢の整備を着実に推進し、将官を指揮官とする宇宙領域専門部隊を新編するとともに、航空自衛隊を航空宇宙自衛隊とする」とされている。

その宇宙領域専門部隊は、「抜本的に強化される防衛力の目標と達成時期（おおむね10年後）」によると、航空自衛隊に1個隊を整備するとして、２０２２年3月17日に「宇宙作戦群」が隊員約70人で発足しＳＤＡを開始した。また、２０２２年度中に拡充されて計１２０人体制となった。

米軍は、在日米軍・在欧米軍などの前方展開戦力によって裏付けられた世界関与戦略を支援するため、宇宙コマンド約１０００人、宇宙軍約1万６０００人、合わせて約1万７０００人の宇宙戦力を保持しているという。また、日本を含むインド太平洋地域（インドとパキスタンの国境から米西海岸まで）を管轄するインド太平洋軍（ＩＮＤＰＡＣＯＭ）は、世界26のタイムゾーンのうち14のタイムゾーン（地球の約半分）と世界の全海洋面積の約66％をカバーしている。

日本が、インド太平洋地域を焦点とし、米宇宙コマンド・宇宙軍に対応した自主的な宇宙戦機能を整備するには、少なくともその半分程度の戦力（約８５００〜1万人）を保持する必要があり、今後、宇宙領域専門部隊の組織規模の抜本的拡大を図り、本格的な宇宙航空自衛隊を創設すべきである。

なお、わが国が宇宙領域専門部隊の組織規模の抜本的拡大に踏み出したとしても、直近の「国家防衛戦略」及び「防衛力整備計画」では、その拡充に相当の期間を要すると見込まれるため、その間は、米軍から必要な協力・補完が得られるような共同防衛体制を整備維持する措置対策が併せて必要である。

また、その際、航空自衛隊が全般防空の一環として現在装備している地上配備型の地対空ミサイル「ペトリオット（ＰＡＣ‐３ＭＳＥ）」を米軍と同じように陸上自衛隊に移管し、新たに創設される宇宙航空自衛隊は、航空（air）と宇宙（space）領域の作戦に専念できる体制を整備することも検討課題である。

おわりに

振り返れば、宇宙戦は古くて新しいテーマであるが、我が国における関心は依然として必ずしも高くなく、これからの課題である。

古典的な戦争は、陸軍による地上戦のみで戦われた。そのうちに海軍が派生し、さらにＷＷⅡ後、空軍が独立して、３軍種を中心とする戦いが基本形となった。

同時に、ＷＷⅡの終結直前に、原子爆弾が開発・使用され、その後、ナチス・ドイツのＶ２ロケット（ミサイル）技術と結合した、宇宙を経由する核弾道ミサイルが登場した。さらに、ソ連が世界初の人工衛星スプートニク１号を打ち上げるに及び、以来、宇宙空間は戦いが行われる可能性を持つ、従来の陸・海・空の空間に次ぐ「第４の空間」として強く意識されるようになった。

今日では、この四つの空間に、さらにサイバーと電磁波の空間が加わった「マルチドメイン作戦」が新たな軍事理論として軍事史に新時代を画する大きな変革を遂げている。

日本は戦後、我が国の「非武装（非軍事）化・弱体化」を基本方針とした連合国軍総司令部（ＧＨ

Q）が、軍備を徹底的に解体し、宇宙分野の研究開発も禁止したため、列国に比べて宇宙開発への取組みが大幅に出遅れた。いわば、宇宙後発国であり、その結果として、依然宇宙小国である。

　そのうえ、我が国は、変化の激しい時代にあって、マイナンバーカードの普及、すなわちデジタル改革に向けた混乱に見られるように、一般的に、世界の新たな基本潮流に後塵を拝する傾向が強くなっている。

　しかし、今や、宇宙は、安全保障・防衛のみならず、個人の日常生活や社会経済活動に至るまで無くてはならない不可欠の領域・空間となっており、「宇宙空間の安定的利用と宇宙空間への自由なアクセスの維持」は、正に喫緊の課題である。

　そのため、本書はその課題に応える入門書として執筆したものであり、願わくは、本書が多くの読者の目に留まり、宇宙に関する関心を高め、我が国の宇宙能力の抜本的強化に繋がれば、筆者としてはこの上ない喜びであることを改めて申し述べ、以上をもって擱筆する。

２０２３年11月

樋口譲次

主要参考文献

《第1章》

・NHKクローズアップ現代「民間人が宇宙へ　新時代の幕開け」（２０２１年12月14日（火））

・「宇宙基本計画の変更について」・別紙「宇宙基本計画」（それぞれ、令和２年６月30日閣議決定）

・三菱電機・読む宇宙旅行「宇宙なう。宇宙旅行者の数がプロ飛行士を上回った「宇宙旅行元年」」（２０２１年12月23日）（ライター：林公代）
https://www.mitsubishielectric.co.jp/me/dspace/column/c2112_2.html（as of January 24, 2023）

・平成28～30年・令和元・４年版『防衛白書』（防衛省）

・経済産業省「宇宙開発を巡る産業の動向について」（２０２２年7月22日）
https://www.meti.go.jp/statistics/toppage/report/minikaisetsu/hitokoto_kako/20220722hitokoto.html（as of February 18, 2023）

・令和４年版『防衛白書』（防衛省）

・日本安全保障戦略研究所編著『近未来戦を決する「マルチドメイン作戦」』（国書刊行会、２０２０年）

・防衛省「防衛省の宇宙分野における取組み」（令和２年12月）

・内閣府宇宙戦略室参事官・前原正臣「国家戦略としての宇宙政策」（平成26年９月）

・エリノア・スローン著『現代の軍事戦略入門』（芙蓉書房出版、２０１５年）
・鈴木一人「宇宙空間の軍事的重要性の高まりと宇宙安全保障」（国際安全保障第41巻第1号、２０１３年６月）
https://www.jstage.jst.go.jp/article/kokusaianzenhosho/41/1/41_44/_pdf/-char/ja（as of March 7, 2023）
・軍縮会議日本政府代表部「宇宙空間における軍事・安全保障面での制度的枠組み」（令和３年10月６日）
https://www.disarm.emb-japan.go.jp/itpr_ja/chap12.html（as of February 28, 2023）
・福島康仁「宇宙空間の軍事的価値をめぐる議論の潮流—米国のスペース・パワー論を手掛かりとして—」（防衛研究所紀要第15巻第２号、２０１３年２月）
http://www.nids.mod.go.jp/publication/kiyo/pdf/bulletin_j15-2_3.pdf（as of February 27, 2023）
・海上自衛隊幹部学校・未来戦研究室・遠藤友厚「宇宙の軍事利用の潮流から見た宇宙領域における我が国の優位性獲得のための技術的方向性について」（海上自衛隊幹部学校　ＳＳＧコラム１９３、2021/4/9）
・奥脇直也・編集代表『国際条約集（２００９年版）』（有斐閣、２００９年）
・国立国会図書館調査及び立法考査局「宇宙政策の動向（科学技術に関する調査プロジェクト　２０１６）」（執筆：公益財団法人未来工学研究所　研究員　小泉悠）
https://dl.ndl.go.jp/view/download/digidepo_10314935_po_20170362.pdf?contentNo=1
（as of January 22, 2023）
・Benjamin S. Lambeth, “Airpower, Spacepower, and Cyberpower”, JFQ / issue 60, 1st quarter 2011
https://ndupress.ndu.edu/Portals/68/Documents/jfq/jfq-60/jfq-60_46-53_Lambeth.pdf?ver=tBsr3wIzuRLIrjv9pg20yg%3D%3D（as of January 26, 2023）
・大阪大学大学院法学研究科・渡邉浩崇「米国の軍民宇宙協力の歴史」（内閣府宇宙政策委員会調査分析部会（第10回）、平成26年２月25日）
https://www8.cao.go.jp/space/comittee/tyousa-dai10/siryou2.pdf（as of January 30, 2023）
・OFFICE OF THE HISTORIAN, FOREIGN RELATIONS OF THE UNITED STATES, 1955–1957,

NATIONAL SECURITY POLICY, VOLUME XIX 9. Report by the Technological Capabilities Panel of the Science Advisory Committee, "MEETING THE THREAT OF SURPRISE ATTACK", Washington, February 14, 1955.
https://history.state.gov/historicaldocuments/frus1955-57v19/d9（as of January 30, 2023）
・Greg Rowlands, "Astrosubterfuge: Deception & Disguise in the Space Domain", Australian Army Research Centre, 16 July 2019
https://researchcentre.army.gov.au/library/land-power-forum/astrosubterfuge-deception-disguise-space-domain（as of February 3, 2023）
・神田茂（経済産業委員会調査室）「宇宙の開発利用の現状と我が国の課題（前編）～宇宙基本法・宇宙基本計画を活かすには～」（立法と調査2010.3 No. 302）
https://www.sangiin.go.jp/japanese/annai/chousa/rippou_chousa/backnumber/2010pdf/20100301095.pdf（as of February 8, 2023）

《第２章》

・日本安全保障戦略研究所編著『日本人のための核大事典』（国書刊行会、２０１８年）
・令和２・３・４年版『防衛白書』（防衛省）

《第３章》

・防衛研究所主任研究官・福島康仁「米国における2つの宇宙軍創設―創設の経緯・意図と立ち上げ状況の評価―」（安全保障戦略研究第2巻第2号、２０２２年3月）
http://www.nids.mod.go.jp/publication/security/pdf/2022/202203_03.pdf（as of February 3, 2023）
・アメリカンセンターJAPAN「About THE USA　環境・科学技術・宇宙研究」

https://americancenterjapan.com/aboutusa/environment/1346/（as of February 8, 2023）

・DOD NEWS, “DOD Official Outlines Space Strategy”, NEWS | Oct. 8, 2020
https://www.pacom.mil/Media/News/News-Article-View/Article/2376851/dod-official-outlines-space-strategy/（as of March 7, 2023）

・Secretary of the Air Force Public Affairs, “Space Force Presents Forces to U.S. Indo-Pacific Command”, NEWS | Nov. 23, 2022
https://www.pacom.mil/Media/News/News-Article-View/Article/3227773/space-force-presents-forces-to-us-indo-pacific-command/（as of March 7, 2023）

・内閣府「各国宇宙政策等一覧表」（平成26年2月）
https://www8.cao.go.jp/space/comittee/tyousa-dai10/sankou.pdf（as of February 15, 2023）

・David Ignatius:Columnist, “Biden moves to undo Trump's political play on the Space Command, The Washington Post【Opinion】, March 23, 2023

・国立国会図書館・調査及び立法考査局・外交防衛課　辻晃士「第6章　宇宙空間と安全保障に係る組織機構の動向」（国立国会図書館　調査及び立法考査局、宇宙空間の利用をめぐる動向と課題　科学技術に関する調査プロジェクト報告書）
https://dl.ndl.go.jp/view/prepareDownload?itemId=info:ndljp/pid/12765467（as of February 15, 2023）

・防衛省「防衛省の宇宙分野における取組み」（令和2年12月）

・ＴＳ2スペース「米軍衛星とその能力の包括的なリスト」
https://ts2.space/en/a-comprehensive-list-of-us-military-satellites-and-their-capabilities/（as of August 3, 2023）

・アメリカ宇宙軍（ＵＳＳＦ）ＨＰ「概況報告書」

・Jonathan McDowell, “Space Activities in 2022”, 2023 Jan 17

https://planet4589.org/space/papers/space22.pdf (as of August 7, 2023)
・令和４年版『防衛白書』(防衛省)
・日本安全保障戦略研究所編著『近未来戦を決する「マルチドメイン作戦」』(国書刊行会、２０２０年)
・Dean Cheng, "China's Military Role in Space", Air University, Strategic Studies Quarterly ◆ Spring 2012
https://www.airuniversity.af.edu/Portals/10/SSQ/documents/Volume-06_Issue-1/Cheng.pdf (as of February 15, 2023)
・ディーン・チェン『中国の情報化戦争/CYBER DRAGON』(原書房、２０２８年)
・内閣府「各国宇宙政策等一覧表」(平成26年2月)
https://www8.cao.go.jp/space/comittee/tyousa-dai10/sankou.pdf (as of February 15, 2023)
・(独)宇宙航空研究開発機構「第７回調査分析部会 中国の宇宙政策の概要」(２０１３年10月29日)
https://www8.cao.go.jp/space/comittee/tyousa-dai7/siryou1-2.pdf (as of February 15, 2023)
・CSIS, "SPACE THREAT ASSESSMENT 2022", APRIL 2022
https://csis-website-prod.s3.amazonaws.com/s3fs-public/publication/220404_Harrison_SpaceThreatAssessment2022.pdf?VersionId=DfdcNDIBOYINwhkIVeqfSJ.yfmOx_5ZB (as of April 16, 2023)
・防衛省防衛研究所主任研究官・下平拓哉「中国人民解放軍戦略支援部隊の特徴と課題」(日本戦略研究フォーラム)
https://www.jfss.gr.jp/index.php/Home/Index/kiho_page/id/283 (as of February 15, 2023)
・公益財団法人安全保障懇話会「研究班」・渡部悦和「中国人民解放軍の戦略支援部隊について」(安全保障を考える、第７７７号、令和２年２月１日)
・神谷考司・津田憂子「ロシアの宇宙開発」(国立研究開発法人科学技術振興機構(ＪＳＴ)研究戦略センター(ＣＲＤＳ)開発・海外動向ユニット、２０１７年３月)
https://www.jst.go.jp/crds/pdf/2016/FU/RU20170426_1.pdf (as of February 6, 2023)

・外務省「ウクライナ座談会第11弾―ウクライナ侵攻における宇宙・サイバー空間・電磁波領域―」（２０２２年５月13日）
http://www.nids.mod.go.jp/pdf/20220513_zadankai11.pdf（as of February 6, 2023）
・兵頭慎治（防衛研究所）「ロシアにおける宇宙開発政策の立案プロセス―「２００６～２０１５年のロシア連邦宇宙プログラムの策定を中心に―」（国際安全保障第35巻第1号、２００７年6月）
https://www.jstage.jst.go.jp/article/kokusaianzenhosho/35/1/35_115/_pdf（as of February 8, 2023）
・宇宙科学研究所（ＩＳＡＳ）「日本の宇宙開発の歴史 宇宙研物語」
https://www.isas.jaxa.jp/j/japan_s_history/（as of February 8, 2023）
・青木節子『「ふつうの国」への道　日本の宇宙政策（３）」』（nippon.com：政治・外交 国際 科学 2020.04.09）
https://www.nippon.com/ja/japan-topics/c06510/（as of February 9, 2023）
・Angel Felix Cuellar Villarroel, “Russian Space Forces-A brief introduction” Linked-in, 2021.10.4
https://www.linkedin.com/pulse/russian-space-forces-a-brief-introduction-cuellar-villarroel
・内閣府「各国宇宙政策等１覧表」（平成26年２月）
https://www8.cao.go.jp/space/comittee/tyousa-dai10/sankou.pdf（as of February 15, 2023）
・ＴＳ２スペース「ロシアのトップ10軍事衛星とその能力」
https://ts2.space/en/a-comprehensive-list-of-us-military-satellites-and-their-capabilities/（as of August 3, 2023）
・ジェームズタウン財団（The JAMESTOWN FOUNDATION）の「ロシアの軍事宇宙計画：２０２２年の成果」（ユーラシア・デイリー・モニター19巻１８７号）
https://jamestown.org/program/russias-military-space-program-2022-results/
（as of August 6, 2023）

《第４章》

・神田茂（経済産業委員会調査室）「宇宙の開発利用の現状と我が国の課題（前編）～宇宙基本法・宇宙基本計画を活かすには～」（立法と調査2010.3 No. 302）
https://www.sangiin.go.jp/japanese/annai/chousa/rippou_chousa/backnumber/2010pdf/20100301095.pdf（as of February 8, 2023）
・ＪＡＸＡ山川豊理事長「国立研究開発法人 宇宙航空研究開発機構（ＪＡＸＡ）の最近の取組」（平成31（２０１９）４月22日、資料９－４）
https://www.soumu.go.jp/main_content/000616342.pdf（as of February 11, 2023）
・日本安全保障戦略研究所編著『近未来戦を決する「マルチドメイン作戦」』（国書刊行会、２０２０年）
・令和４年版『防衛白書』（防衛省）
・国家安全保障戦略（平成25年12月17日 国家安全保障会議決定、閣議決定）
・平成31年度以降に係る防衛計画の大綱について（平成30年12月18日 国家安全保障会議決定、閣議決定）
・中期防衛力整備計画（平成31年度～平成35年度）について（平成30年12月18日 国家安全保障会議決定、閣議決定）
・国家安全保障戦略（令和４年12月16日 国家安全保障会議決定、閣議決定）
・国家防衛戦略（令和４年12月16日 国家安全保障会議決定、閣議決定）
・防衛力整備計画（令和４年12月16日 国家安全保障会議決定、閣議決定）
・内閣府「各国宇宙政策等一覧表」（平成26年２月）
https://www8.cao.go.jp/space/comittee/tyousa-dai10/sankou.pdf（as of February 15, 2023）
・防衛省・航空自衛隊・宇宙作戦群（Space Operations Group）のＨＰ
https://www.mod.go.jp/asdf/ssa/（as of March 28, 2023）

《第5章》

・ディーン・チェン『中国の情報化戦争／CYBER DRAGON』（原書房、２０１８年）

・日本安全保障戦略研究所編著『近未来戦を決する「マルチドメイン作戦」』（国書刊行会、２０２０年）

《第6章》

・NASA, "Orbital Debris Quarterly News", Volume 25, Issue 1 February 2021
https://orbitaldebris.jsc.nasa.gov/quarterly-news/pdfs/odqnv25i1.pdf（as of March 29, 2023）

・ＪＡＸＡ追跡ネットワーク技術センター　ＳＳＡ（宇宙状況把握）システムプロジェクトマネージャ・松浦真弓「デブリと宇宙機の衝突を防ぐ」
https://www.jaxa.jp/projects/feature/debris/matsuura_j.html（as of March 29, 2023）

・外務省「日本の軍縮・不拡散外交」（第六版）第５部「宇宙区間における制度的枠組み」
https://www.mofa.go.jp/mofaj/gaiko/gun_hakusho/2013/pdfs/hon1_5.pdf（as of March 30, 2023）

・国家安全保障戦略（令和４年12月16日　国家安全保障会議決定、閣議決定）

・国家防衛戦略（令和４年12月16日　国家安全保障会議決定、閣議決定）

・令和５年版『防衛白書』（防衛省）

SDI	Strategic Defense Initiative
SF	Science Fiction
SIGINT	Signal Intelligence
SLAR	Side-Looking Airborne Radar
SLBM	Submarine Launched Ballistic Missiles
SM-3	Standard Missile-3
SPOC	Space Operations Command
SSA	Space Situational Awareness
SSN	Space Surveillance Network
SSRI	Security Strategy Research Institute of Japan
STM	Space Traffic Management
T	
TASA	Taiwan Space Agency
TCBM	Transparency and Confidence Building Measures
U	
UAV	Unmanned Aerial Vehicle
UNFCCC	United Nations Framework Convention on Climate Change
USSF USSPACECOM	United States Space Force United States Space Command
W	
WGS	Wideband Global SATCOM

N	
NASA	National Aeronautics and Space Administration
NDS	National Defense Strategy
NDSA	National Defense Space Architecture
NIS	National Intelligence Strategy
NMS	National Military Strategy
NPR	Nuclear Posture Review
NPT	Treaty on the Non-Proliferation of Nuclear Weapons
NSfS	National Strategy for Space
NSP	National Space Policy
NSpC	National Space Council
NSS	National Security Strategy
O	
OTE	Organize, Train, and Equip
P	
PAROS	Prevention of an Arms Race in Outer Space
PLA	People's Liberation Army
PNT	Positioning, Navigation, and Timing
PPWT	Prevention of the Placement of Weapons in Outer Space, the Threat or Use of Force Against Outer Space Objects Treaty)
Q	
QZSS	Quasi-Zenith Satellite System
R	
RMA	Revolutions in Military Affairs
ROS ROSCOSMOS	Russian Orbital Segment State Space Corporation
RPO	Rendezvous and Proximity Operations
S	
SALT	Strategic Arms Limitation Talks
SBIRS	Space-Based Infrared System
SBSS	Space Based Space Surveillance
SCO	Shanghai Cooperation Organization
SCWG	Space Cooperation Working Group
SD	Space Debris
SDA	Space Development Agency Space Domain Awareness
SDGs	Sustainable Development Goals

ELINT	Electronic Intelligence
ESA	European Space Agency
EU	European Union
F	
FAI	Federation Aeronautique Internationale
FMCT	Fissile Material Cut Off Treaty
FOBS	Fractional Orbital Bombardment System
G	
GHQ	General Headquarters
GLONASS	Global Navigation Satellite System
GOSAT	Global Observing Satellite
GPS	Global Positioning System
H	
HAWK	Homing All the Way Killer
HGV	Hypersonic Glide Vehicle
HTV	H-II Transfer Vehicle
I	
IADC	Inter-Agency Space Debris Coordination Committee
IAEA	International Atomic Energy Agency
IAMD	Integrated Air and Missile Defense
ICBM	Intercontinental Ballistic Missile
IMINT	Imagery Intelligence
INF	Intermediate-range Nuclear Forces
ISR	Intelligence, Surveillance and Reconnaissance
ISS	International Space Station
J	
JAXA	Japan Aerospace Exploration Agency
L	
LO	Liaison Officer
LRDR	Long Range Discrimination Radar
LTS	Long- Term Sustainability Long-term Sustainability of Outer Space Activities
M	
MAD	Mutual Assured Destruction
MDA	Missile Defense Agency
MDO	Multi Domain Operations
MDR	Missile Defense Review
MOST	Ministry of Science and Technology

略語（Abbreviation）解説

A	
ABM	Anti-Ballistic Missile
AEHF	Advanced Extremely High Frequency System
AI	Artificial Intelligence
AIS	Automatic Identification System
ALOS	Advanced Land Observing Satellite
ASAT	Anti Satellite Weapon
B	
BM	Ballistic Missile
BMD	Ballistic Missile Defense
BMDR	Ballistic Missile Defense Review
BMEW	Ballistic Missile Early Warning
C	
C4ISR	Command, Control, Communications, Computers, Intelligence, Surveillance and Reconnaissance)
CAS	Chinese Academy of Sciences
CASC	China Aerospace Science and Technology Corporation
CASIC	China Aerospace Science and Industry Corp's
CD	Conference on Disarmament
CDO	Cross Domain Operations
CMSEO	China Manned Space Engineering Office
CNSA	China National Space Administration
COPUOS	(United Nations) Committee on the Peaceful Uses of Outer Space
CSS	China Space Station
D	
DA-ASAT	Direct-Ascent Anti-Satellite
DHS	Department of Homeland Security
DNI	Director of National Intelligence
DOD	Department of Defense
DOE	Department of Energy
DOS	Department of State
DSCS	Defense Satellite Communications System
DSP	Defense Support Program
DSS	Defense Space Strategy
E	

著者紹介

樋口譲次（ひぐち　じょうじ）

1947年生まれ、長崎県出身。防衛大学校卒業（13期生、機械工学専攻)、陸上自衛隊の高射特科部隊等勤務。この間、米陸軍指揮幕僚大学留学、第２高射特科群長、第２高射特科団長兼飯塚駐屯地司令、第７師団副師団長兼東千歳駐屯地司令、第６師団長、陸上自衛隊幹部学校長等を歴任。2003年退官（陸将）。現在、日本安全保障戦略研究所副理事長兼上席研究員、偕行社・安全保障研究会研究員、隊友会参与等。

編著『日本と中国、もし戦わば』（ＳＢ新書、2017年)、『ウクライナ戦争徹底分析』（扶桑社、2022年）。

著作『中国軍、その本当の実力は』（国書刊行会、2023年）。

その他、共著等多数。

現実《げんじつ》化《か》する宇宙戦《うちゅうせん》

——「宇宙小国《うちゅうしょうこく》」日本《にほん》はどうする⁈

2023年12月25日　初版第１刷発行

著　者　樋口譲次

発行者　佐藤今朝夫

発行所　株式会社 国書刊行会

〒174-0056 東京都板橋区志村1-13-15

TEL 03(5970)7421　FAX 03(5970)7427

https://www.kokusho.co.jp

装　幀　真志田桐子

カバー画像：Shutterstock

印　刷　創栄図書印刷株式会社

製　本　株式会社村上製本所

ISBN　978-4-336-07598-7